冯建荣 著

黄酒有意思

浙江人民出版社

目 录

黄 酒 颂

天地玄黄，宇宙洪荒。唯我於越，始肇酒芳。

由米酒而至甜酒，又由甜酒而至黄酒，悠悠九千年，酒萃自然之精华，聚越人之智慧，让生灵享尤物，令山川增色彩，使日月添光辉。

未有文字先有酒，黄酒是国史。它与中华历史相伴而行，自强不息、厚德载物，是一万年中华文化史、五千多年中华文明史的缩影和实证。

世有稻米方作酒，黄酒是国酿。它与中华稻作文明、陶瓷文明形影相随，是天人合一之典范、酿造文化之滥觞，更是寰宇酒界最具中国标识的一面旗帜。

玉碗盛来琥珀光，黄酒是国宝。它具有社交酬酢之功效、保健养生之价值、激发情感之魔力，是友谊的桥梁、寂寞的伴侣、健康的象征、智慧的源泉。其独特的酿制技艺，蕴含诸多的学科知识，实乃弥足珍贵的国家非物质文化遗产。

一壶醇酿喜相逢，黄酒是人生。它的酝酿醇化，恰似人生的磨砺修炼；它的温润纯净，恰似君子的谦和文雅；它的中和之性，恰似圣人的中庸之德；它的浓郁陈香，恰似情愫的历久弥笃。它滋润了万物之灵的生活情趣，承载了芸芸众生的精神寄托。

唯有饮者留其名，黄酒是文化。酒入《周礼》，成为人神相通之礼仪规范；诗酒孪生，换来唐诗宋词之馥郁芬芳；书酒联袂，造就千古书圣之巅峰神品；醉后挥洒，总得青藤八大之恣肆狂放；酒酣咏叹，尽现戏曲歌舞之绚丽多姿。它催生了歌舞艺文之律动，丰富了诗酒花茶之意蕴。

越酒自古行天下，黄酒是产业。它造福了一方百姓，更助推了绍兴经久不衰的物阜民熙。它不但遍及华夏大地，更是远涉重洋，

合欢酒（俞小兰绘）

成为中华民族馈赠给全人类的独特佳酿。它是中华民族的历史经典产业，也是中外文化交流的重要使者。

好山好水育好酒，黄酒是生态。它是绍兴得天独厚的地理、气候、水质、土壤等生态环境的杰作，也是举世闻名的城市、名士、风物、文化等人文环境的佳构。稽山青青酝国酿，鉴水悠悠漾醇香。绿水青山恒常在，中华国酿永芬芳。

绍兴黄酒，天长地久！

人类文化源流久，

绵延不绝我独有。

九千余年史与事，

米酒甜酒到黄酒。

卷一

酒之史

　　绍兴酒起源于遥远的新石器时代的米酒，此后不断演进发展。

南朝时"山阴甜酒"的出现，标志着绍兴酒独特风味的形成。

宋时红曲的创造发明与广泛应用，使绍兴酒变成了绍兴黄酒。

　　清代民国时，绍兴黄酒形成了通行天下之势，并作为中国酒

之代表享誉全球，被视为东方名酒之冠。

黄
酒
有
意
思

一、起　源

1

於越先民。

谈黄酒的起源，必得从於越先民谈起。

於越，根据《吕氏春秋·恃君》等文献的记载，是远古时期古老族群"百越"中的一个分支。他们主要生活在今天的浙江，后来以今天的绍兴为中心，建立了自己的国家——越国。於越人及其国家，为中华民族的形成与发展作出了历史性贡献，在世界上也产生过广泛而深远的影响。

现代考古发掘表明，早在约45万年前，於越先民便已在今日浙北的安吉等地，留下了他们的活动踪迹。

在绍兴嵊州崇仁兰山庙遗址的考古发掘中，还发现了於越人约16万年前使用过的打制石器。

2

越人的四大发明。

越人富有超乎寻常、追求卓越的超越精神。这种精神，代代相传，生生不息，绵延至今。

水稻的栽培、酒类的酿制、彩陶及瓷器的烧制、种茶与饮茶，是越人超越精神的生动体现，是越人奉献给人类且遗惠至今的四项伟大发明。它表明，浙江先民敢于创新，善于创新，浙江自古就是世界创新高地。

这四大发明，有着十分紧密的内在关系。特别是其中的酒，更是如此。稻米与陶器，是酒产生的基本前提，相当于酒的灵魂与躯壳；酒与茶更是天然的伙伴关系，至今仍然流行着"酒与茶不分家"的俗语。

世界上目前大体有四种酒：黄酒、葡萄酒、啤酒、白酒。黄酒的历史最为悠久，而中国是黄酒的故乡，浙江是黄酒的原产地，绍兴是黄酒的主产区。

3

酒与中华文化相伴而生。

酒经历了从自然酿造到人工酿造的漫长过程，是人类对自然现象的能动借鉴。

黄酒有意思

　　酒经历了从无意识地发现到有意识地酿制的漫长过程，是人类集体智慧的科学结晶。

　　酒经历了从发现时的不知其然到饮用后的欣然陶然的漫长过程，是人类认知世界的必然产物。

　　现代考古发掘与大量文献记载告诉我们，酒是与万年中华文化史相伴而生的。

上山遗址南部发掘区（浙江省文物考古研究所提供）

4

　　上山文化的三个共同之最。

　　中国有百万年的人类史、一万年的文化史、五千多年的文明史。

一万年前，浙江史前文化进入新石器时代。迄今发现的浙江最早的新石器文化，是2006年以浦江上山遗址与嵊州小黄山遗址为基础命名的上山文化。根据"浙江发布"2024年5月24日发布的消息，浙江属于上山文化的遗址多达24处。

上山文化有三个共同之最：一是出土了迄今世界上最早的属性明确的栽培稻遗存；二是出土了世界范围内年代最早的彩陶；三是出现了迄今中国最早的"村落"。

稻米的生产、陶器的制作与"村落"的出现，为酒类的酿制，提供了最基本的原料与器具；为酒类的生产，提供了客观上的可能；为酒类的消费，提供了需求上的条件。

小黄山遗址A区局部环壕和建筑遗迹（浙江省文物考古研究所提供）

黄酒有意思

5

人类稻作文化的最早实证。

蒋乐平、陈明辉、王永磊在所著的《浙江新石器时代考古》中认为，"上山文化是稻作文化的最早实证"。这是因为，上山文化蕴含的稻米信息，具有三个显著的特点。

一是上山稻作已形成了包括栽种、收割、脱粒、加工、储存、食用等在内的系列环节，表明一种崭新的农耕行为体系已经初步形成。

二是先民已走出洞穴，相对稳定地聚居于旷野地带，形成了最早的"村落"，开启了人类生活的全新时代。

三是上山稻作文化没有出现中断，稳定进步发展，且不断传播扩散。

上山遗址陶片中羼合料所见炭化稻壳
（浙江省文物考古研究所提供）

中国考古学会等单位于2021年11月21日至2022年4月17日，在中国国家博物馆主办了"稻·源·启明——浙江上山文化考古特展"。其前言中写道：上山文化遗址出土的迄今世界上最早的属性明确的栽培水稻遗存，"充分证明这里就是世界稻作文明的起源地，是以南方稻作文明和北方粟作文明为基础的中华文明形成过程的重要起点"。

由此可以说，浙江是世界稻作农业的起源地，水稻是於越先民、中华民族为人类作出的最大贡献。

6

中国乃至世界上最早的彩陶。

郑建华、谢西营、张馨月在《浙江古代青瓷》一书中认为："浙江已知最早的陶器见于浦江县上山遗址，距今约11000年；距今9000年前后，上山文化已经有彩陶的制作，这也是迄今为止中国乃至世界上最早的彩陶。"

孙翰龙、赵晔在《浙江史前陶器》一书中写道："上山文化中期开始出现彩陶，这是世界范围内年代最早的彩陶，比西亚地区（伊朗、土耳其等地）发现的要早，纹样特征十分鲜明，由此开启了中国南方地区彩陶装饰的传统。"

7

9000年前的谷物酒。

稻米的出现，为酒的酿造提供了最基本的原料。陶器的出现，为酒的酿造与饮用提供了最基本的器具。"村落"的出现，为酒的供应提供了必要的消费人口。于是，酒在9000年前，横空出世了。

蒋乐平、陈明辉、王永磊在所著的《浙江新石器时代考古》中写道：

——9000年前的"义乌桥头遗址'中心台地'的器物坑中，多件陶器中发现米酒残迹"。

——经对10件陶器标本的"分析结果显示，有9件器物标本曾用于储存酒（或发酵饮料），其中包括6件陶壶、2件陶罐和1件陶盆。酿酒的原料包括水稻、薏米和块根植物。这些器物的淀粉粒具有发酵过程特有的损伤特征"。

——"综合多种残留物的分析结果，桥头遗址陶器内所储存的可能是一种原始的曲酒。上山人利用发霉的谷物与草本植物的茎叶谷壳，培养出有益的发酵菌群，再加稻谷、薏米和块根作物进行发酵酿造。"

——"到了上山文化中期，世界上最早的彩陶和以稻米为主要成分的谷物酒，在义乌桥头遗址发现，这是在稻作文化滋养下族群获得壮大与兴盛的象征和佐证。"

马黎在所著的《考古浙江——万年背后的故事》中写道：桥头遗址的"一只陶壶送到了斯坦福大学做检测研究，专家在陶壶里的残留物中发现了大量霉菌和酵母。9000年前，桥头人已经酿酒了，这只陶壶可能是中国最早的酒器"。

"清醠之美，始于耒耜。"现代考古发掘，为西汉淮南王刘安在《淮南子》当中提出的这个观点，作出了科学的证明。

桥头遗址典型陶器组合（浙江省文物考古研究所提供）

桥头遗址出土的带有酿酒残留物的陶器（浙江省文物考古研究所提供）

黄酒有意思

8

河姆渡文化时期的酿酒。

河姆渡文化，距今六七千年，属于新石器时代的中期，以今浙江余姚的河姆渡遗址命名。河姆渡遗址与酒相关的，有三件事：

一是数量巨大的稻谷遗存。郑云飞在《稻作文明探源》一书中写道，河姆渡遗址中，"估测埋藏稻谷数量有120吨之巨"。

二是数量巨大的陶器遗存。包括可以用于蒸煮稻米的陶釜与陶甑，发酵与盛酒的陶罐，温酒的陶盉，饮酒的陶钵、陶杯、陶樽等。

三是天然曲蘖开始向人工曲蘖进步。有酒界"泰斗"之誉的秦含章先生在《黄酒的过去、现在和未来》一文中认为，利用天然曲蘖酿酒，早在7000—8000年以前。利用人工曲蘖酿酒早在5000年以前。从天然曲蘖进步到人工曲蘖，花费了2000—3000年。

这就表明，河姆渡文化时期的越地与越人，已经具备了相当的酿酒技艺。

二、演进

9

大禹"绝旨酒"。

得益于米酒酿制的风气之先，越地酿酒一直走在前头，具有极高的知名度与影响力。

大禹"绝旨酒"的故事，便很好地说明了当时酿酒与饮酒的情况。

大禹是治水英雄，立国始祖，中华圣王。

从文献典籍的记载，以及现今绍兴100多处、浙江200多处大禹文化遗迹来看，大禹一生有九件大事与绍兴直接相关，即娶妻涂山、得书宛委、功终了溪、会稽诸侯、诛杀防风、禅祭会稽、筑治邑室、化治越人、归葬会稽。

大禹曾下过禁酒令。《战国策·魏策二》中记载，大禹因酒"饮而甘之"，遂"绝旨酒"。《尚书·夏书·五子之歌》中，还给出了大禹禁酒的原因，是担心"甘酒嗜音"，"未或不亡"。

透过这些记载可以想象，当时酿酒的产量之大，饮酒的风气之浓。

黄酒有意思

10

商代饮酒极为盛行。

从文献记载与考古发现情况来看，商代从王公贵族到黎民百姓，饮酒已极为盛行。

《尚书·商书·说命下》中写道，"若作酒醴，尔惟曲糵"，说明商代用曲糵这种发酵物来酿酒，已是普遍现象。

从殷墟考古出土情况分析，当时酿酒已从农业中分离出来，成为独立的手工业。

酒代表礼，礼通过酒来表达，是商代社会一个明显的标志，酒礼器的制作因此而成为商代最重要的手工业。

《尚书·周书·酒诰》的主要内容，是周初统治者吸取商纣王酒池肉林的教训，厉行戒酒。这也从一个侧面反映了商代延续至周初的饮酒之风，已经成为一个严重的社会问题，影响到了生产的发展和政权的巩固。

11

西周时酒业管理的制度化。

《周礼》是上古文明的百科全书，在中国古代政治思想文化史上有深远影响。

《周礼·天官冢宰》中，专设《酒正》一篇，标志着我国的酒业管理、酿酒方法、酒的质量标准的制度化。其主要内容有三：

一是国家设立酿酒专门机构。以"酒正"为酒官之长，"掌酒之政令，以式法授酒材"。其下设有掌管酿酒的酒人、掌管醴等六种饮料的浆人等。

二是将酒按清浊程度，分为"五齐"。这里的"齐"，是指未经过滤去酒糟的酒。"泛齐"——酒糟漂浮表面的浊酒；"醴齐"——比泛齐略清、酒糟与酒汁混在一起的甜酒；"盎齐"——比醴齐略清的葱白色浊酒；"缇齐"——比盎齐略清的红色酒；"沈齐"——酒糟沉淀于底部的酒。

三是将酒按酿造时间的长短，分为"三酒"。"事酒"——因事临时新酿的浊酒；"昔酒"——冬酿春成、酿期较长而且较清的酒；"清酒"——冬酿夏成、酿期更长、清澄味厚的酒。按照宋代大理学

《周礼》中的"清酒"

家朱熹的解释，事酒是有事而饮的酒，昔酒是无事而饮的酒，清酒是祭祀所用的酒。这2000多年前的中国"清酒"，不知道较日本的"清酒"早了多少年。

黄酒有意思

12

越国时酒业的长足进步。

越国时，酒业在数千年发展与积淀的基础上，得到了长足的进步。

一是文献记载丰富。《国语》《吕氏春秋》《吴越春秋》《越绝书》等文献中，有大量的记载。

二是文物出土量大。考古发掘中大量出土的罐、坛、壶、瓿、碗、杯等陶器与原始青瓷，既反映了酿酒、贮酒、盛酒、饮酒等酒类器具的一应俱全，又反映了越国发达的制陶与原始青瓷手工业。

三是功用发挥充分。在复兴越国的峥嵘岁月中，酒的功能得到了淋漓尽致的发挥。在每一个惊险、欢庆、宽慰、遮掩、激励的时刻，酒的功用都得到了精妙绝伦、炉火纯青的演绎，谱写了中国酒文化史上最为光辉的篇章，奏响了绍兴酒发展史上最为壮丽的凯歌。

13

秦始皇巡越用酒祭大禹。

《史记·秦始皇本纪》中载，秦始皇三十七年（前210），秦始皇率左丞相李斯、少子胡亥等文武百官巡越。

秦始皇此行的目的有三：一是祭祀大禹，以示大统；二是恩威越人，稳定越地；三是歌颂秦德，弘扬秦风。其中的"上会稽，祭大禹"，开创了古代帝王亲临大禹陵祭祀大禹的先例。

按照当时的祭祀成规，如此专程、郑重、隆重的祭祀，必定会用到大量的美酒。因此，这无疑是一件与越地酒业相关的大事。

绍兴至今尚存有酒缸山、酒瓮石、秦皇酒瓮等地名。《越中杂识》上卷《山》中载，"酒瓮石，在射的山麓，三石品峙，其状如瓮，人谓之秦皇酒瓮，故射的山俗称酒缸山"。

陆游诗作中，多次写到"酒瓮山"等地名。如在《秦皇酒瓮下垂钓偶赋》中，写到"酒瓮山边古钓矶，沙鸥与我共斜晖"；在《野饮》中，写到"酒瓮石边孤店晚，樵风溪畔早梅春"。

地名是历史的活化石。这些记述，颇具史料价值，不仅印证了当年秦始皇祭禹时用酒的情况，也从一个侧面反映了秦时越地的产酒情况。

14

王充《论衡》中的家乡酒。

王充是东汉初上虞人，他在不朽巨著《论衡》中，多次写到家乡越地的酿酒与饮酒情况。

《状留》篇中写道："酒暴熟者易酸，醯暴酸者易臭。"

《幸偶》篇中写道："蒸谷为饭，酿饭为酒，酒之成也，甘苦异味；饭之熟也，刚柔殊和。非庖厨酒人有意异也，手指之调有偶适也。调饭也殊筐而居，甘酒也异器而处。"

黄酒有意思

《遣告》篇中写道："酿酒于罂，烹肉于鼎，皆欲其气味调得也。时或咸苦酸淡不应口者，犹人勺药失其和也。"

《自纪》篇中写道："酒醴异气，饮之皆醉；百谷殊味，食之皆饱。"

王充的这些记述，堪称对会稽酒酿制技术与评判标准等最早的记录与推广。它表明，当时的越人已经掌握了一套比较成熟的酿酒技术，人们对酿酒已经有了一些规律性的认识，原料、器具与酿酒师在酿酒过程中起着极大的作用。

15

沉酿埭——东汉时因酒而来的地名。

郑弘是东汉初年会稽郡山阴县人，他是西域都护府首任长官郑吉的从孙，早先在家乡做啬夫，清廉为民。

南宋嘉泰《会稽志·水》中写道，郑弘在离开家乡赴任洛阳时，亲朋于沉酿埭为他送行，大家喝得很开心，"各醉而去"。

这沉酿埭又名沉酿川、沉酿泉，很可能是乡民为纪念这位郑姓好官而取的地名，也可能是因为这里酿制陈年酒而取的地名，只是由于越人方言中"郑""陈""沉"发音不分，才写成了"沉"。

不管怎么样，这地方与酿酒、饮酒有关，当是事实。清代时，乡贤周晋镳还写有《沉酿川》诗。

16

东汉经学大师眼中的"会稽稻米清"。

东汉经学大师郑玄，是汉代经学的集大成者，唐太宗将其列为22位"先师"之一，配享孔庙。

郑玄在所撰《周礼注疏》卷五中，专门写到了"会稽稻米清"，将其列为与当时天子祭祀所用之美酒"宜成醪"相媲美的酒。由此可见，当时会稽所产之酒，在全国的地位之高、影响之大。

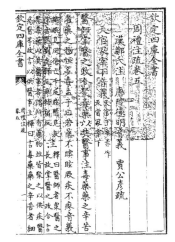

[东汉] 郑玄注《周礼》中的"会稽稻米清"

黄酒有意思

17

曹娥故事中的酒。

东汉孝女曹娥，是会稽上虞人。《后汉书》列传中，记述了14岁的少女曹娥投江救父、县长度尚为其立碑的故事。

曹娥的父亲"能弦歌，为巫祝"，是在东汉汉安二年（143）五月五日，逆水迎潮神时，溺水而亡的。根据闻一多在《端午考》中的考证，五月五日迎潮神之俗，在战国时即已出现。这样的盛典，自然是少不了酒馔菜肴、弦歌乐舞的。

东晋时会稽人、著名历史学家虞预，在所撰《会稽典录》中，还写到了13岁的少年才子邯郸淳在"督酒"之余，乘酒兴"操笔而成，无所点定"《曹娥碑》的故事。

邯郸淳借酒力之神助，一挥而成千古绝唱。难怪连蔡邕这样的大文豪，后来在摸了此碑文后，也有感而发，留下了"黄绢幼妇，外孙齑臼"的字句，这便是"绝妙好辞"成语的由来。

三、成型

18

六朝时会稽酒的兴盛。

魏至两宋时期，是绍兴酒逐渐形成明显的地域特色并最终成型的时期。

经过夏、商、周、秦、汉的演进发展，六朝时，会稽酒业出现了兴盛的局面。其主要原因有四：

一是鉴湖的筑成，为会稽酒的酿造提供了佳绝之水与充裕的稻米原料。

二是北方战乱不断，南方相对安定，大批北方人南迁，"山阴道上行，如在镜中游"的"今之会稽，昔之关中"，成为与建康齐名的江南大都会，成了人们的首选之地。他们在带来先进的生产工具与技术的同时，也使得这里的人口大增、消费大增。

三是社会时局动荡，人们朝不保夕，以至于肆意酣畅的饮酒之风盛行。

四是官府的酒政环境较为宽松，允许民间自由酿酒与饮酒的时间，远远长于禁酒的时间。

19

六朝社会的动荡与肆意酣畅的酒风。

魏晋南北朝的360多年，是中国历史上政权更迭最频繁、社会时局最动荡的时期。

面对这种朝不保夕的社会现实，一些人以酒会友、支撑残局，一些人醉生梦死、悲观沉沦，一些人纵情美酒、自得山水，一些人酣饮为常、麻醉心性，一些人醉眠装疯、以求保全。在这些人看来，酒似乎是他们患难与共、形影不离的伴侣。

这种肆意酣畅的饮酒之风，在社会相对安定、自然风光迷人又出产佳酿的会稽，尤为盛行。正是这种饮酒之风，促进了这一时期会稽酒业的繁荣。

20

魏晋南北朝，名士多醉态。

魏晋南北朝时期，既是一个政治动荡的时期，也是一个社会变革的时期，还是一个思想通脱的时期。士人们体悟人生价值，寻找生命归依，结知交而谈玄，找同志以成群，酒便成了他们的精神寄托物和生活嗜好物。

这些名士崇尚自然、出林入泉，散发宽衣、超然物外，纵酒赋诗、谈玄说理，洒脱不羁、风流自赏，不甘沉沦、独立审美，追求着纯真而自我的品格，形成了中国历史上独特的人文现象——魏晋风度。

鲁迅先生的《魏晋风度及文章与药及酒之关系》，深刻地揭示了四者之间的内在关系，以及酒在凭借和媒触方面的独特作用，认为酒在激发创作情感、触发创作灵感方面的作用尤为明显。

可以说，醉态是魏晋风度最为基本的表现形式。

[南朝]《竹林七贤与荣启期》砖画

21

阮籍、阮咸与绍兴阮社。

"竹林七贤"是魏晋时期的七位贤士，他们相聚竹林、纵酒放歌、愤世嫉俗、追寻自由，会稽是他们的重要活动地区，留下了

"七贤桥"等地名。

"竹林七贤"之首的阮籍及其侄儿阮咸，曾居今绍兴阮社，阮社地名即因此而来，阮社酿酒习俗亦因此而浓。

今阮社村惜已被拆，成为憾事，然尚存清乾隆四十二年（1777）一月刻立的两块石碑，记述了"北祀大阮，南祀小阮""以申枌榆之敬"的史实。这"枌榆"原指的是汉高祖刘邦的故乡，后引申泛指故乡。

阮社另有荫毓桥，联句"几处村酤祭两阮"中的"两阮"，即指阮籍、阮咸叔侄。

《晋书·阮籍传》所附《阮咸传》中记载："诸阮皆饮酒，咸至，宗人间共集，不复用杯觞斟酌，以大盆盛酒，圆坐相向，大酌更饮。"

正是这种饮酒之风，刺激了魏晋南北朝时期阮社—山阴—会稽酿酒业的大发展。

22

酿酒用酒药的最早记载。

嵇含是"竹林七贤"之一嵇康的侄孙，祖籍上虞，西晋时大臣、文学家、植物学家，《晋书》有其传。

嵇含所撰的《南方草木状》，是我国最早的植物学著作之一，现存最早的地方植物志。他在卷上的"草曲"中写道，"杵米粉，杂以众草叶，冶葛汁滫溲之，大如卵，置蓬蒿中，荫蔽之，经月而成，用此合糯为酒。故剧饮之，既醒，犹头热涔涔"。

这就说明，当时越人在制曲原料中，已加入了数种植物药料。这是我国酿酒时用酒药的最早记载。今日绍兴仍在用辣蓼草制作酒药，可谓是与其一脉相承。

23

山阴县令江统著《酒诰》。

江统是西晋时著名文学家，曾任山阴县令。清代乡贤李慈铭在《越缦堂读书记·晋书》中，赞美"江统之志操"，将其列为20位"晋世第一流者"之一。

江统曾著《酒诰》，为《全晋文》所录。其中写道："酒之所兴，乃自上皇。或云仪狄，一曰杜康，有饭不尽，委余空桑，本出于此，不由奇方，历代悠远，经□弥长，稽古五帝，上迈三王。虽曰圣贤，亦咸斯尝。"

《酒诰》具有多方面的意义，其中最重要的，是指明了传统的粮食发酵酿酒之法。这个结论的得出，当与江统目睹山阴会稽地区在镜湖筑成后粮食丰收、水质改善、酿酒盛行的景象，有直接的关系。

24

从王羲之的《杂帖》看当时酿酒的盛况。

王羲之以兰亭雅集、诗酒风流而闻名于世。其实，他在担任会稽内史期间，除害兴利，关注民生，政绩也颇佳。

中华书局1958年出版的《全上古三代秦汉三国六朝文》，收录了他的一份《杂帖》手札，其中给我们留下了这样的历史信息："此郡断酒一年，所省百余万斛米，乃过于租。"

一个郡一年的酿酒用米，超过了田租的数量，足可见当时的酿酒规模之大。

25

明刻本《酣酣斋酒牌》中的
《陶潜漉酒图》

陶渊明与绍兴陶里。

陶渊明是晋宋间柴桑（今江西九江）人，在会稽山阴生活过一段时间。陶渊明嗜酒，大唐诗人李白称他"日日醉"，而南朝梁昭明太子则认为"其意不在酒，亦寄酒为迹焉"。

《浙江省绍兴县地名志》中写道："据传说，东晋隆安三年（399），刘牢之为前将军东讨孙恩于会稽，渊明从之。该地原有'渊明桥'，桥北有'渊明故里'石碑，故地名陶里。"陶里俨然成了陶渊明的第二故里。

另说陶渊明有一子孙寄寓于此，遂

成陶氏乡里。对此，著名古文献专家逯钦立在其校注的《陶渊明集》附录二《陶渊明事迹诗文系年》中写道，"陶考于是改定其说，谓己亥（399）牢之为前将军，东讨孙恩于会稽，渊明从之"，并云陶渊明诗《始作镇军参军经曲阿作》记其事。这里的"陶考"，指的是陶澍的《靖节先生为镇军建威参军辨》。

今天，绍兴齐贤一带仍然流传着诸多与陶渊明有关的美丽而有趣的故事。

26

梁元帝少时与"山阴甜酒"。

南朝梁的创立者，是文韬武略的梁武帝萧衍。梁武帝的儿子萧绎才情非凡，曾任会稽太守，在平定侯景之乱后，成为梁元帝。

萧绎的《金楼子》，是一部浓缩千百年治乱历史的不朽著作。他在其中的《自序》中写道："吾小时，夏日夕中下绛纱蚊绸，中有银瓯一枚，贮山阴甜酒。卧读有时至晓，率以为常。"

这段文字，告诉了后人一个重要的信息，那就是至迟在南朝时，"山阴甜酒"已经盛行，且已属上品之酒。

27

"山阴甜酒"的意义。

"山阴甜酒"冠以山阴之名，表明了它的产地在会稽山阴。

黄酒有意思

钦定四库全书

金楼子卷六

雜記篇十三上

梁　孝元皇帝　撰

[南朝梁] 萧绎《金楼子》中的
"山阴甜酒"

一个"甜"字，道出了它的口感味道。今日绍兴酒的回甘，仍然如此。而其中的善酿酒，尤其如此。

"山阴甜酒"的品质是醇美。清代知名文人、官员梁章钜在其《浪迹三谈·绍兴酒》中写道，"六代以前，此酒已盛行矣。彼时即名为甜酒，其醇美可知"。

绍兴乡贤、著名历史地理学家陈桥驿在《绍兴史话》中写道："绍兴酒是一种以糯米和鉴湖水酿造的、略带酸甜之味、含酒精率较低（5％—20％）的醇美黄酒。绍兴地区古代酿造业的这种特色，最晚在南北朝时期已经存在，这就是六世纪中期梁元帝萧绎所说的'山阴甜酒'。"

从东汉时的"会稽稻米清"，到梁元帝所说的"山阴甜酒"，标志着绍兴酒独特风味的基本形成。这在绍兴酒的发展史上，是一件具有承上启下、继往开来意义的大事。

28

《齐民要术》中的糟曲酿酒法。

北魏农学家贾思勰，是中国农学史上继往开来的大功臣。

他的《齐民要术》，写的是平民百姓获取日常资料所必需的重要技术，这是中国乃至世界现存的最早、最完整的农学百科全书，不仅是中华民族的珍贵遗产，也是全人类的伟大成就。

《齐民要术》共10卷92篇，其中卷七的《货殖》《涂瓮》《造神曲并酒》《白醪酒》《笨曲并酒》《法酒》6篇，专门记述了糟曲酿酒法，对如何制曲、用曲作了详细的记述，是中国古代关于酒曲的最主要著作，既吸收了绍兴酒酿制的精华，又对绍兴酒品质的提升具有极大的意义。

29

隋唐五代十国时越州酒业发达的原因。

隋唐五代十国时期的近400年间，越州初辖今绍兴、宁波两地；唐开元二十六年（738），自越州析置明州（今宁波），越州辖七县；至后梁开元二年即吴越王天宝元年（908），又析剡县东南13乡置新昌，至此越州辖八县直至20世纪50年代初。

这一时期越州酒业的发达，主要原因有四：

一是城市支撑。越国公杨素在句践小城基础上建子城，设陆门

黄酒有意思

四、水门一，周长由二里多扩展到十里；又在山阴大城基础上筑罗城，设城门九，其中水门六，周长达二十四里二百五十步。今绍兴古城的规模基础由此奠定。到唐代时，这里已成为"会稽天下本无俦"的大都市。城池的扩展，推动了酒业的发展。

二是原料保障。李俊之、皇甫温、李左次和皇甫政、孟简、陆亘等贤牧良守，完成了海塘的连接加固，完善了水网的蓄泄设施，使得山会平原的防洪、挡潮、灌溉等能力得到了明显提高，从而促进了鉴湖水的进一步净化和淡化，推动了水稻等农业生产的进一步发展，使酿酒的水与稻米等原料得到了进一步的优化和保障。

三是外需拉动。越州作为吴越国的东府、行宫、陪都，所产酒器等秘色瓷和佳酿，一直是侍奉中原朝廷的重要贡品和海外交流的重要物资。

四是酒政宽松。大多数时间里，此地都实行自酿自售、自由买卖、缴纳市税的政策。

30

隋文帝罢官置酒坊，远近大悦。

隋文帝杨坚建立隋朝、统一天下后，采取了一系列轻徭薄赋、休养生息的政策，其中重要的一项，是放松酒政。

《隋书·食货志》中载，隋初"尚依周末之弊，官置酒坊收利，盐池盐井，皆禁百姓采用"。隋朝开始时，还是沿袭了后周末年的弊端，官府直接置办酒坊、盐务，禁止老百姓参与利用。

"至是罢酒坊，通盐池盐井与百姓共之，远近大悦。"到隋开皇三年（583），隋文帝认为这是在与民争利，于是下令废除了官置酒坊，开通了盐池盐井让老百姓共同利用，远近的老百姓都非常高兴。

31

元稹与白居易誉称越州为"醉乡"。

元稹出生于中原大都会洛阳，官至同中书门下平章事，也就是宰相，是个见过大世面的大官员、大文人。

他任浙东观察使兼越州刺史达七年时间，对越州的山水人文了如指掌，充满感情。他在给好友、杭州刺史白居易的《寄乐天》诗中，发出了"安得故人生羽翼，飞来相伴醉如泥"的期盼；更在《酬乐天喜邻郡》诗中，表达了"老大那能更争竞，任君投募醉乡人"的

小桥流水人家（俞小兰绘）

黄酒有意思

渴望。

白居易亦称越州为"醉乡"。他在《和微之春日投简阳明洞天五十韵》中写道,"醉乡虽咫尺,乐事亦须臾"。

从此,"醉乡"成了对盛产美酒、崇尚美酒、畅饮美酒的绍兴的美称,明代徐渭便有"若举醉乡祠祭兴,沈香先刻蒋夫人"之句。

32

唐时越州的"缸面"酒。

萧翼是梁元帝萧绎的曾孙。唐何延之的《兰亭记》,详细记述了萧翼赚取《兰亭序》的故事。

故事的大意是:时任监察御史的萧翼,受唐太宗之命,装成山东书生来到越州永欣寺,王羲之七世孙、第五子徽之后裔智永禅师的弟子,梁代司空袁昂的玄孙辩才和尚,以自酿的缸面酒款待他。结果,萧翼略施小计,辩才因酒误事,《兰亭序》为萧翼所骗取,献给了唐太宗。

文中写道,辩才请萧翼"留夜宿,设缸面药酒、茶果等"。原文注"江东云缸面,犹河北称瓮头,谓初熟酒也"。也就是说,这缸面酒时兴喝新酿开缸的第一道酒,今日绍兴民间仍然有"新酒汤"的俗称。

在对饮酬乐的过程中,双方还相继赋诗。辩才有"初酝一缸开,新知万里来"句,萧翼有"酒蚁倾还泛,心猿躁似调"句。这其中的"初酝一缸开"与"酒蚁",指的便是缸面酒。

缸面酒新开缸时,酒缸上面一层无渣滓的酒,可以直接饮用,但这只有刚开缸时才有。初熟酒往往会在酒液中浮着一些酒蚁,常常需用葛布过滤后方可饮用。

33

唐诗之路与越州酒。

越酒在唐代的时候,产量大,品质好,声名远,元稹与白居易因此给了越州以"醉乡"的美誉。

越州由于长史宋之问"穷历剡溪山,置酒赋诗,流布京师,人人传讽"(《新唐书·宋之问传》),再加上乡贤、大学士贺知章对家乡美酒胜景的竭力推介,吸引了不下400位大唐诗人纷至沓来,以至形成了堪与丝绸之路、茶叶之路、瓷器之路、稻作之路相媲美的浙东唐诗之路。

这些大唐的诗人们,分明在很大程度上是冲着这里的美酒而来的。他们在这里把酒临风,携酒唱和,或对酌,或群饮,或花间戏乐,或月下独酌,以酒为乐,凭酒联谊,饮酒赋诗,谱写了不下1500首与越地山水人文相关的上佳诗作,其中不少的诗作还都写到了酒。

诗人们从四面八方而来,又从这里走向了四面八方,将这里的美酒介绍到了四面八方。于是,聪明、勤劳的越人也将这美酒销售到了四面八方。初唐四杰之一的王勃,便在《他乡叙兴》中给我们留下了"边城琴酒处，俱是越乡人"的佳句。

浙东唐诗之路是中国历史上空前绝后的一大文化现象，也是中华大地上空前绝后的一部宏伟诗篇。这是越地的荣光，也是唐诗的精华，无疑更是越酒的丰碑。

34

宋代酒业繁荣的原因。

一是酒政相对宽松。特别是允许县城以外的百姓酿酒，官府收取税收的政策，于发展酒业极为有利。其间虽时有诏禁，但总体执行不严。

二是城市能级提升。南宋时的绍兴，政治地位高，先是事实上的首都，后又成为事实上的陪都，酒以城而闻名遐迩。

城市规模大，突破了城墙的局限，向城墙外扩展，使传统意义上的城郊，成了城市的有机组成部分；与此同时，城市人口也迅速增加，府城人口鼎盛时有30万左右，酒类等消费也相应得到明显增长。

城市布局优，特别是知府汪纲在任的七年间，修筑城墙城门，修缮街衢街河，优化街厢街坊，形成了五厢九十六坊的城市空间结构，酒类管理机构、消费功能得到进一步完善。

三是酿酒技艺革新。根据时人所著《北山酒经》的记载，当时已形成了完整、成熟、定型的16道酿酒技艺，并影响至今。特别是红曲的创造发明与广泛应用，使绍兴酒变成了绍兴黄酒。

四是糯米原料充裕。一方面是土地面积增加。鉴湖围垦,客观上新增了2300余顷土地,相当于原山会平原面积的四分之一。围海造田也已初成规模。

另一方面是品种多、品质好、亩产高。仅山阴、会稽两县所种植的水稻就有56个品种,其中糯稻品种达16个之多,亩产米在两石左右,高出全国平均水平一倍以上。

五是用水条件良好。鉴湖水源自会稽山间的数十条溪流,宋时鉴湖湖面虽然缩小了,但水仍在缩小了的鉴湖和浙东运河及山会平原上密布的河渠湖泊间流淌。水质未受影响,水量于酿酒亦未产生任何影响。

35

宋代红曲始用,绍兴黄酒始名。

宋代绍兴酒工艺革新的最大成就,是利用红曲霉素做成的曲或粗酶制剂——红曲。

红曲既可用来酿酒,也可用来制作豆腐乳,还可作为天然的食用色素。

陈桥驿先生在《中国绍兴黄酒》的序中认为,"酿造黄酒必须使用红曲,而红曲是到宋朝才创造出来的"。

红曲的创造发明及广泛应用,使绍兴酒变成了绍兴黄酒,使绍兴酒的独特品质特色由此定型,使绍兴黄酒传承千年而长盛不衰。

因此,从严格意义上讲,红曲始用,黄酒始名,绍兴酒成为黄酒，是从宋代开始的。从此以后，绍兴酒由乳白色的米酒、清如水的清酒，变成了琥珀色的黄酒。这是绍兴乃至中国酿酒史上开天辟地的大事件。

绍兴黄酒（郑辰莹绘）

36

宋代名酒"堂中春"。

以"春"为酒之名，可谓名副其实。饮酒之后，浑身发热，舒适惬意，自会春意荡漾。

带"春"的酒名，源远流长。《诗经·七月》中，即有"十月获稻，为此春酒"句。曹操的《奏上九酝酒法》载，东汉郭芝创造了一种"九酝春酒法"。

唐宋时，带"春"的酒名颇为盛行。唐代的李白有"瓮中百斛金陵春"句；杜甫有"闻道云安曲米春"句。宋人窦苹的《酒谱》中，也写到"荥阳土窟春""石冻春"酒；自称为贺知章后裔的贺铸，有"未拜君恩赐刬曲，归来且醉鉴湖春"句。

"堂中春"之酒名，由"清白堂"之名而来。乐清人王十朋，曾做过绍兴金判，他在《范文正公祠堂诗》中写道，"后人不识真天人，但能日饮堂中春"，并自注"越以清白堂名酒"。

清白堂为范仲淹知越州时所建，堂名寓意清清白白做官。他为此还专门写了《清白堂记》，指出"其泉，清而白色"，"其清白而有德义，为官师之规"。

范仲淹一如其所言，清正为民，成为万世师表。越人感念他的恩德，将堂名作为酒名。后为区别堂名，遂又有"堂中春"之名，其义一也。

37

宋代名酒"蓬莱春"。

张端义是南宋文学家，他在笔记《贵耳集》卷上写到了一个重要的史实："寿皇忽问王丞相淮及执政：'近日曾得李彦颖信否？''臣等方得李彦颖书，绍兴新造蓬莱春酒甚佳，各厅送三十樽。'"

这"寿皇"，指的是宋孝宗。可见蓬莱春已成朝廷贡酒。

宋人周密的《武林旧事》、张能臣的《酒名记》中，也都写到了"越州蓬莱春"，可见此酒在当时的影响之大。

清人梁章钜在《浪迹三谈》卷五中，引《名酒记》之言，谓"越州蓬莱酒，盖即今之绍兴酒，今人鲜有能举其名者矣"。可见此酒在清时仍然有很大影响。

38

宋代名酒"竹叶酒"。

宋高宗赵构自建炎四年（1130）四月十六日至绍兴二年（1132）正月初十，在绍兴待了一年零八个月的时间，前后共660天左右。而如果从建炎三年十月第一次到越州算起，则在绍兴待了两年零两个月的时间。

绍兴是宋高宗赵构的改元"绍兴"之地、转危为安之地、起死回生之地。有鉴于此，他对绍兴怀有十分深厚的感情，于绍兴元年（1131）十月十一日，升越州为府，并冠以"绍兴"年号。绍兴之名，由此而始。

宋高宗在绍兴时，曾仿唐时文人张志和，写过15首《渔父词》，尽情歌赞绍兴的山水人文。其四中，便写到了"竹叶酒"。

这"竹叶酒"，酒中浸以嫩竹，酒色带青，因而又称"竹叶青"，连皇帝都在歌咏，想必定为当时绍兴之名酒。

39

陆游诗中的绍兴酒家。

宋代特别是南宋时，绍兴地位崇高，经济繁荣，酒业兴旺。特别是酒家数量多、形式多，遍及城乡，陆游诗中多有记述。

酒垆。以卖酒为业的酒店。《早春出游》："酒垆日暮收青旆。"《游山步》："小市疏灯有酒垆。"《上元雨》："城中酒垆千百所。"

酒楼。大型、高档的酒店。《初夏》："酒楼人散有空垆。"《记戊午十一月二十四夜梦》："街南酒楼粲丹碧，万顷湖光照山色。"

酒市。带有灯会、夜市性质的酒家。《雨中作》："泥深散酒市，风恶恼灯天。"《新秋》："岁乐喧呼沽酒市。"

旗亭。飘着酒幡的酒亭。《醉归》："旗亭酒贱秋风近，夜夜归来醉似泥。"《醉卧道边觉而有赋》："旗亭烂醉官道卧。"

村店。村市、小酒坊中的酒店。《秋阴至近村》："村店闲寻酒。"《新凉书怀》："岁乐村场酒易沽。"

野店。山脚、路口、渡口的简易酒店。《舟中作》："渔舟卧看山方好，野店沽尝酒易醺。"《娥江野饮赠刘道士》："参差茅舍出木末，隐映酒旗当浦口。"

黄酒有意思

40

和旨楼。

南宋时，与朱熹同时代的嵊县人姚宽，在《西溪丛语》中有这样的记载："绍兴府轩亭临街大楼……翟公巽帅越……改为酒楼……目为和旨楼。"

翟公巽，即翟汝文，巽为其字，于宋钦宗靖康元年（1126）出知越州。他将轩亭口的临街建筑改为酒楼，并取醇和甘美之意，实在是物尽其用、吸引消费的高明之举。这也是宋代官营酒业的例证。

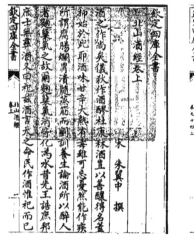

[宋] 朱肱《北山酒经》　　　　　　[宋] 窦苹《酒谱》

41

宋代酒业多著述。

宋代酒业发达，著述众多。代表性的有田锡的《曲本草》、苏东坡的《东坡酒经》、李保的《续北山酒经》、何剡的《酒尔雅》、范成大的《桂海酒志》、林洪的《新丰酒志》等。

其中窦苹的《酒谱》，分内、外两篇，体例齐备，内容宏富，旁征博引，遍及经史子集四部，堪称中国酒文化文献的首座重镇。

朱肱的《北山酒经》，是浙江人写浙江酒的典范，书中的材料主要取自江浙，尤其是酒业重镇绍兴。书中第一次全面系统地记述了中国的制曲酿酒工艺，最为完整地体现了中国黄酒酿制的技术精华，是宋代酒类著作的杰出代表，向来被奉为经典，在中华酒业史上具有划时代的意义。

四、通行

42

元代绍兴酒的发展。

元、明、清直至民国，是绍兴酒的全盛时期，产量大，品种多，质量好，声名远播，行销天下。

元代绍兴酒业，继承了南宋之风，保持了发展的势头。

元末明初浙江龙泉与刘基、宋濂齐名的学者叶子奇，在其笔记《草木子·克谨篇》中写道："元朝自世祖混一之后，天下治平者六七十年。轻刑薄赋，兵革罕用。生者有养，死者有葬。行旅万里，宿泊如家，诚所谓盛也矣。"

至正年间任绍兴路总管的泰不华，曾多次到酒业最盛的东浦一带，推犁耙，执锄头，饮乡酒，观赛舟，被传为佳话。

在这样的政治与社会环境下，农业迅速发展。根据《元史·食货一》的记载，泰定、天历之初，江浙行省垦得官府和百姓的荒田、熟田995081顷。这就为酒业原料的供给创造了条件。

酒业的发展，体现在百姓对酒的健身作用的认识，有了新的加深。《草木子·杂俎篇》中写道："饮酒者，肝气微则面青，心气微则面赤。"

　　酒业的发展，更反映在官府税收的增加上。《元史·食货二》中载，酒税"为国赋之一焉，利之所入亦厚矣"。当时"杭州省酒课岁办二十七万余锭，湖广、龙兴岁办止九万锭"，只及杭州的三分之一。江浙行省岁入酒课"一十九万六千六百五十四锭二十一两三钱"，居于各行省之首，是次高的河南行省的2.62倍。其全国的酒税达2300余万贯，较宋末增加了七成。

43

　　玉貌当垆，招徕酒客。

　　张昱是元末明初的著名诗人，曾在浙江做官，与当时的诗坛领袖、铁崖体的创始人、绍兴人杨维桢是好友。

扶醉图（[元]钱选绘）

黄酒有意思

张昱在他的《塞上谣八首》其二中写道："玉貌当垆坐酒坊，黄金饮器索人尝。"

这就说明，当时酒垆的竞争十分激烈，有的酒垆推出了以年轻美貌女子当垆以招徕顾客的推销之法。

44

明代酒业空前发展的原因。

一是酒政宽松。取消了历代实行的专卖制，且税率较轻，官府也带头建酒楼。

二是原料丰裕。在戴琥、汤绍恩等贤牧良守的重视下，水利建设卓有成效，既促进了农田灌溉用水的增加与农业丰收，又保障了酿酒用的优质水源与糯米、小麦等原料，进而为民生的改善与社会的安宁创造了条件。

三是消费扩大。经济的发展、城市的扩展，促进了人口的增长与集聚。明代中晚期，仅绍兴府山阴、会稽两县在府城的人口就有60万左右。

四是产量提高。明代中期，江浙地区出现了资本主义生产关系的萌芽，酿酒作坊与集镇大量涌现，酒业生产力迅速提高。

45

"绍兴酒"以地得名的开始。

台州临海的王士性，是明代著名的人文地理学家。性好游，一生游迹几遍全国。凡所到之处，对山水草木之微，皆悉心考证；对地方民风习俗，亦广搜详记。

《广志绎》乃其代表性著作，内容多系作者亲见亲闻，颇有史料价值。

该书的卷四《江南诸省》中写道："绍之茶之酒……皆以地得名。"可见，以绍兴之地名而来的"绍兴酒"之名称，至迟在明代已经开始了。

46

从糯米比例之高，看酿酒规模之大。

明代饮酒风气的盛行，促进了酿酒规模的扩大，进而刺激了农民种植糯稻的积极性，以致出现了影响口粮的情况。

对此，连嗜酒如命的徐渭也表达了担忧。他在万历《会稽县志诸论·物产论》中写道，"盖自酿之利一昂，而秫者几十之四，粳者仅十之六，酿日行而炊日阻"，百姓的吃饭碰到了问题。他在该志的《户口论》中进一步指出，会稽县约一半的人吃饭碰到了困难，"仅可令十万人不饥耳，此外则不沾寸土者，尚十余万人也"。

乡贤、状元、官至尚书的余煌，也主张禁种糯稻。他在《与周父母论煮粥平粜禁粘书》中写道："敝乡膏腴之田种粘者十之四五，致有数乡全种粘米而不种粳者，是以绍兴之酒遍满天下，而食米之分数减其五六矣。"

黄
酒
有
意
思

乡贤、文士、忠烈之士祁彪佳，希望人们对吃饭问题引起进一步的重视。他在《救荒全书小序》中写道："若种秫酿酒，夺人之食……固不可不重加之意耳。"三位先贤所言，从另一个角度印证了明代绍兴的酒业之盛。

南都繁会图卷（［明］仇英绘）

47

明代酒坊的大量涌现。

《绍兴县志·绍兴黄酒》中写道："明时，绍兴酒业在农民副业酿制和酒商自酿自卖基础上，出现工场手工业酿酒作坊。一些著名酿坊，大都创设于此时。"

绍兴最早的酿酒作坊，出现在东鉴湖的泾口、白塔洋一带。接着，便是西鉴湖的东浦、阮社、湖塘一带，后来居上。而酒坊最为集中的，则当推东浦。

《浙江文史集萃·经济卷》上册中，有金志文的《绍兴老酒简史》一文，述说了旧时绍兴酒坊的分布情况。其中最大的一个共性，是这些酒坊多分布在鉴湖之畔。因为这里有一个最大的优势——水质好，取水方便。与此同时，糯米原料就近生产，运输亦很方便。

48

明代东浦的酒坊。

明代东浦的3000多户住户中，有三分之一是酿酒的。

根据《东浦镇志》的记载，"明代，境内有初具规模酒坊创建"，如诚实、贤良酒坊等。其中的余孝贞酒坊，创设于明武宗正德年间。

《浙江省名镇志》"东浦镇"条中写道："据传，东浦'孝贞'酒坊牌号是明正德皇帝朱厚照，品尝了该坊竹叶青酒后大为赏识而御笔赐题的。此后，竹叶青酒作为贡品，名声大振，远销东南亚。"清乾隆皇帝也曾品尝此酒，并赐题"金爵"。竹叶青酒直到1949年以前，在北京、杭州等地还被叫作孝贞

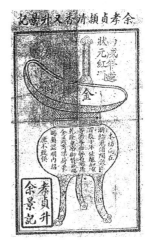

[清] 余孝贞酒坊坊单

酒，可见其影响之大、之广、之久。

明世宗嘉靖年间，绍兴知府汤绍恩在建造三江闸时，发动民众捐款，凡捐满二百两银子者，颁赐"茂义"二字匾额。镇上有很多酿酒坊获颁此匾，民国时仍存不少。于此亦可见，东浦酒坊之多，酒坊德义之茂。

49

明代湖塘的酒坊。

湖塘的叶万源酒坊，创设于明代中叶，坊主叫叶绰，实力雄厚，人称"叶十万"。嘉靖十五年（1536）三江建闸时，捐了二十八洞闸中一个洞闸的建设资金，足见其实力之强，德行之佳。其所酿之酒，质地也特佳。

章万润酒坊坊主为叶万源酒坊的开耙技工，他先是在叶万源酒坊搭制酿酒，后独立开坊，三个儿子国俊、国伟、廉臣也参与其中，建成5000多平方米用房，年产1300多缸，可见规模之大。

50

明代名酒"女儿酒"的来龙去脉。

明代绍兴酒业空前发展的一大标志，是名酒众多。在六朝以来的"山阴甜酒"、唐宋以来的"蓬莱春""鉴湖春""兰亭酒""黄藤酒"等基础上，又提升、创制了一批新的名酒，"女儿酒"就是其中典型的代表。

涉女之酒，其史久远。"女酒"之名，最早出自《周礼·天官冢宰》：酒官之长为"酒正"，掌管酒业政令；其下有"酒人"，掌管酿酒；"酒人"之下有"女酒三十人"，即通晓酿酒的女性三十人。

"女酒"名称延续下来，走向民间，其含义逐渐变成了育女待嫁的喜庆宴酒，变得名副其实了。

前面已经写到过的嵇含，在他的《南方草木状》卷上中写道："南人有女数岁，即大酿酒。既漉，候冬陂池竭时，置酒罂中，密固其上，瘗陂中，至春潴水满，亦不复发矣。女将嫁，乃发陂取酒，以供贺客，谓之女酒，其味绝美。"将女酒的酿制目的、贮藏方法、饮用时间与绝美之味，写得一清二楚。

唐代文学家房千里，有《杨倡传》《南方异物志》等专著，他在《投荒杂录》中也写道："女酒，味绝美。居常不可致也。"

河南曾出土了宋代的越瓷酒容器"女儿酒坛"，表明宋代已经有了"女儿酒"之名，且已有相当的产业化规模。

至明代，"女儿酒"进一步发展成民间与酒坊均有酿制、窑藏的女儿婚嫁专用酒。

清代大文人李汝珍创作的长篇小说《镜花缘》，被鲁迅先生誉为"以小说见才学"的"博物多识之作"。其中第七十回写道："闻得是宗女儿酒，其坛可盛八十余斤。"由此可见，女儿酒不仅销到了海外，而且还是用可盛八十余斤的大坛盛装的，这未免使人联想到今日盛行的大坛女儿红花雕坛酒。

清梁章钜在其《浪迹续谈·绍兴酒》中写道：绍兴酒中"最佳者名女儿酒，相传富家养女，初弥月，即开酿数坛，直至此女出门，即以此酒陪嫁，则至近亦十许年，其坛率以彩缋，名曰花雕"。另在其《浪迹三谈》中，又专门写有《女儿酒》一篇。梁章钜的这些描述，不仅写到了女儿酒的陪嫁功用，还运用了花雕之名，表明了这酒的内涵与形式的不断充实、丰富与延伸。

清嘉庆、道光年间名士梁绍壬，在其《两般秋雨庵随笔》中，多次写到绍兴酒，称以"色香俱美，味则淡如"，则"不得不推绍兴之女儿酒"，给了女儿酒以极高的评价。

民国文学家徐珂的《清稗类钞·饮食类》中，有《舒铁云饮女儿酒》一篇，收录了舒铁云用女儿酒送行时写的一首诗，写出了女儿酒的习俗与特色。

女儿红（郑辰星绘）

另又有《沈梅村饮女儿酒》一篇，从其中"外施藻绘，绝异常樽""视他酒尤佳""饮而甘之，赞不绝口"的描述来看，这必定是一坛上佳的花雕女儿红。

以上这些，便是今日"女儿红"酒的大致来历。绍兴历史上，关于"女儿酒"的传说与记载还有不少。这就说明，自古以来，酒艺与酒俗一脉相承，酒与百姓的日常生活密切相关，而这正是酒具有无限生命力的原因之所在。

51

"状元红"。

《绍兴县志·历史名产》中记载："状元红，又称元红酒。始于明末，盛于清。因坛壁外涂朱红而得名。"

《绍兴市志·工业》中记载："元红酒，传统名酒，又称状元红。绍俗生儿育女均酿酒，生女，酿女儿酒；生男，则在酒坛上涂以朱红，名之曰'状元红'，寓意孩子将来中状元之意，是绍兴酒代表品种和大宗产品。"

关于"状元红"酒名的来历，清末绍兴乡贤、考据家、文史家平步青，在《霞外捃屑·玉雨淙释谚》中，作过专门的考证，认为其源有四：

一源荔枝。宋人曾巩《荔枝录》云："状元红，言于荔枝为第一。"

二源牡丹。陆游《天彭牡丹谱》中有言："状元红者，重叶深红花……而天姿富贵……以其高出众花之上，故名状元红。"

三源茜袍。进士第一人状元，即赐茜袍——大红色袍服。茜袍之色如牡丹花，为红色，故以名之。

四源绛蜡之短而巨者。认为短而巨的红蜡，也叫状元红。

在考据分析的基础上，平步青得出了"今越人又以名酒之醇者"的结论。

由此看来，状元红之名，实属源远流长；状元红之酒，乃"酒之醇者"。它有第一红的吉祥寓意，又有第一名的如意期待。今天绍兴人将醇厚之酒称为状元红，亦可谓名副其实、名正言顺。这是酿酒人的满腔祝愿，也是用酒人的由衷心愿。

52

明代名酒"香雪酒"。

《绍兴县志·历史名产》中记载："香雪酒，始于明，又称盖面，盖在罐坛元红酒上，以增其香。"

明代乡贤张岱在《陶庵梦忆·雷殿》文中写道，雷殿在龙山磨盘冈下，五代十国时，吴越国开国国君武肃王钱镠曾于此建蓬莱阁。

雷殿殿前，石台高爽，"六月，月从南来，树不蔽月"。作者每于浴后与亲友坐台上，"乘风凉，携肴核，饮香雪酒，剥鸡豆，啜乌龙井水"。

这是目前所见古籍中，有关"香雪酒"之名的最早记载。这就说明，"香雪酒"之名，至迟在明末清初已经出现。而以张岱这样的身份推而论之，这"香雪酒"在当时想必已是绍兴酒中的名酒。

53

明代名酒"豆酒"。

《绍兴县志·历史名产》中记载："豆酒，一名醇碧，又称花露，是以绿豆制曲酿成。始见于宋，盛于明。"

明万历《绍兴府志·物产志》中记载："府城酿者甚多，而豆酒特佳。"

《金瓶梅》第七十五回中，有豆酒的描述，称其"碧靛般清，其味深长"。

徐渭在《崧台醋》中，有"吾乡豆酝逐家堆"句，说出了当时绍兴豆酒生产的普遍性。在《又图卉应史甥之索》中，有"陈家豆酒名天下"句，一语道出了陈家豆酒之影响力与美誉度。

明末名宦、乡贤王思任作有《老酒豆酒赋》，称豆酒"有花露之白，竹叶之青，翻翠涛于秘色"。

清雍正《山阴县志·物产志》中记载：豆酒"一名花露，甲于天下"。

由此可见，"豆酒"在绍兴酒中的品质之佳，在明代时的流行之盛。

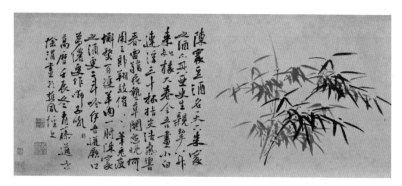

《陈家豆酒》诗（［明］徐渭并书）

54

明代流行花色酒。

明代除了大宗生产的名酒之外，还有薏苡酒、地黄酒、鲫鱼酒等花色酒。

根据明万历《绍兴府志·物产志》中的记载，这些花色酒，用香雪、元红酒加上述原料，封坛贮藏，经年而成，气味香鲜，个性鲜明，独具特色。

品种多，产量大，开始行销全国，是绍兴酒在明代开始进入全盛时期的基本标志。

55

明代绍兴酒，始行海内外。

明万历《绍兴府志·物产志》中记载：当时绍兴酒"京师盛行，近省城亦多用之"。除了远销京城外，不少省会城市也爱上了绍兴酒。

《绍兴市志·国内贸易》中记载："自明代开始，山、会酒坊，除销售路庄酒外，还在全国一些城市开设酒店、酒馆和酒庄，经营绍兴酒批零业务，实行产销合一。"

该志又在《对外经济贸易》中记载："绍兴酒为绍兴传统出口商品，明代开始销国外。时山阴叶万源酒坊所产之酒，以其质特优，专供日本和南洋群岛各国。"

《绍兴县志·历史名产》中记载：明代，绍兴黄酒"名闻全国，远销海外"。

56

清代绍兴酒，最是极盛时。

清代至民国，尤其是清代，基本上延续了明代较为宽松的酒政。

与此同时，随着国门的打开与近代经济的兴起，绍兴黄酒高歌猛进，力压群雄，遥遥领先于中国黄酒业，一直居于中国黄酒酿造中心的位置，终成普天之下莫非黄酒之势。

历史悠久的绍兴酒进入了极盛时期。

57

清代民国时，绍兴酿酒酒坊众多。

根据钱茂竹先生《越酒文化》中的统计，清光绪三十一年（1905），山阴、会稽两县有酒坊1250多家。民国23年（1934），绍兴县有酒坊2246家。民国36年，绍兴县酒坊增加至6633家。

另据《东浦镇志》记载，酿酒冠于越中的东浦，16个村有酒坊126家。

58

清代民国时，绍兴酿酒产量庞大。

根据任桂全先生总纂的《绍兴市志·工业·酿酒业》中的记载，清光绪年间，山阴、会稽有酒坊1300余家，向官府报捐数为18万缸，农户家酿约6万缸，以每缸310千克计算，合计年产约74400吨。

陈桥驿先生在《绍兴史话》中写道："到了清代末叶，据估计，绍兴每年酿酒达到30万缸，以每缸灌京庄大坛（50斤）10坛计算，则年产量达300万坛之巨。"据此以吨计算，则年产有75000吨之巨。

　　钱茂竹、杨国军在《绍兴黄酒丛谈》中统计，民国2年（1913），全国共有25个省市生产黄酒，其中浙江所产规模最大，达9.8万吨，占了全国10.4万吨的94.23％。而绍兴又占了浙江产量的绝大部分。

59

　　清代民国时，绍兴黄酒品质上佳。

　　《浙江省名镇志》"东浦镇"条中记载，清乾隆皇帝亲临绍兴祭拜大禹时，品尝东浦孝贞酒坊的竹叶青酒，题赐"金爵"。

　　清宣统二年（1910），绍兴沈永和善酿酒和马山谦豫萃加饭酒，在江宁（今江苏南京）参加南洋劝业会展评，分别获清政府农工商部颁发的"超等文凭"和"优等文凭"奖状。这是绍兴酒第一次获得全国性金奖。

　　民国4年（1915），在美国旧金山的巴拿马太平洋万国博览会上，绍兴黄酒占了全部黄酒获奖数的五分之三。其中绍兴东浦云集

1915年，巴拿马太平洋万国博览会金奖奖牌正背面

信记酒坊和方柏鹿酒坊生产的加饭酒，分别获得最高金奖1枚、银奖2枚；沈永和墨记酒坊善酿酒，获得了一等奖章。这是绍兴黄酒第一次获得国际金奖、银奖、一等奖，标志着绍兴黄酒在国际市场上，得到了广泛认可，享有了崇高地位。这是绍兴黄酒在国际上为祖国争得的荣誉。

绍兴酒在海内外的冠军地位由此确立。

60

清代民国时，绍兴黄酒通行天下。

绍兴黄酒在明代始行天下的基础上，到了清代，正如康熙《会稽县志》中所记载的那样，真正出现了"越酒行天下"的可喜局面。

在清代直至民国的诸多文献中，绍兴酒"遍行"天下、"动行"天下、"通行"天下的记载颇多，"绍兴"几乎成了"绍兴酒""绍兴黄酒""绍兴老酒"的代名词与同义词。

清代学者檀萃《滇海虞衡志》卷四载，云南各地皆以绍兴酒为上品，"滇南之有绍兴酒""是知绍兴已遍行天下"。

清代名士梁绍壬在《两般秋雨庵随笔》中写道："绍兴酒各省通行，吾乡之呼之者，直曰绍兴，而不系酒字。"

清《燕京杂记》载："高粱酒谓之干酒，绍兴酒谓之黄酒，高粱饮少辄醉，黄酒不然，故京师尚之，宴客必需。"

清方濬颐《梦园丛说》："京师酒肆中，亦以越酿为重，朋友轰认，口在醉乡。"

清李心衡《金川琐记》卷四载，四川西北部的藏族聚居区，时能见到"绍兴酒，其价较省垣数倍"。

《清稗类钞·饮食类》："越酿著称于通国，出绍兴，脍炙人口矣。故称之者不曰绍兴酒，而曰绍兴。"

不仅如此，绍兴酒还大量远销到了南洋、日本等国外市场。

61

清代民国时，绍兴黄酒出口量大。

清道光年间五口通商后，章东明酒坊年酿六七千缸，销往我国香港乃至新加坡；田润德酒坊30公斤装加饭酒，远销俄国；云集酒坊之酒，远销东南亚。

1894年中日甲午战争前，台湾曾是绍兴酒的最大市场，阮社诸楚和等酒坊，年销台湾之酒占了产量的30%。

李汝珍在《镜花缘》第七十回中写道："每到海外，必带许多绍兴酒"，"所有历年饮过空坛，随便摞在舱中，堆积无数。谁知财运亨通，飘到长人国，那酒坛竟大获其利"，原来是"把酒坛买去，略为装潢装潢，结个络儿，盛在里面，竟是绝好的鼻烟壶儿"。从这段描述来看，绍兴酒早在此前已远销海外，且颇受喜爱；人们甚至到了爱屋及乌的程度，装酒的坛经过装饰，也颇为精致，以至于成了绝好的鼻烟壶儿。

民国18年（1929）的《烟酒税史》中记载："浙东西九区七十

县，以五区所产为最多，出运占五分之四，行销遍各省，间有出洋者。"这里的"五区"即指绍兴。

62

清代绍兴有"三通行"。

福建人梁章钜，是以虎门销烟而闻名的林则徐的好友和同乡，曾任清军机章京、两江总督，多有地方任职经历，对地方风物了然于胸。

他在《浪迹续谈·绍兴酒》中，写到当时的绍兴有"三通行"，即绍兴酒、绍兴话、绍兴师爷。

在写绍兴酒时，称"今绍兴酒通行海内，可谓酒之正宗"；"贩运竟遍寰区，且远达于新疆绝域"；"至酒之通行，则实无他酒足以相抗"。这绍兴酒简直到了天下独步、唯我独美的境地。

在写绍兴话时，称绍兴"人口音实同辇舌，亦竟以此通行远迩，无一人肯习官话而不操土音者"。这段记述，表明了绍兴人在当时的地位与优越感，这是需要有多方面的综合底气作支撑的。

在写绍兴师爷时，称"本非人人皆擅绝技，而竟以此横行各直省，恰似真有秘传"。这简直就是对有清一代"无绍不成衙"赞语的极好注解。

清代绍兴的"三通行"，互为因果，互为表里，交相辉映，相得益彰，这是清代直至民国，绍兴在全国享有的崇高地位的生动标志。

63

清代民国时绍兴酒外销网点的设立。

最早在上海开设黄酒销售店的，是绍兴齐贤的王宝和酒坊，时间在清乾隆九年（1744）。清末民国时，又在上海增设了两家分店。这些网点，以销带饮，影响卓著。至今上海黄浦区紧邻繁华的南京路的九江路上，尚有27层的四星级酒店——上海王宝和大酒店。

清道光二十八年（1848），阮社的章东明酒坊在上海小东门开设上海南号。至清晚期，章东明酒坊在上海共设立了七家销售机构，极大地拓展了上海的绍兴酒市场，极好地奠定了绍兴酒在上海市场的信誉基础。除上海外，章东明酒坊还在杭州、天津设立了以零售为主的酒行与以批发为主的酒庄。

清光绪二十六年（1900），东浦云集信记酒坊分别在上海、广州、天津设立分售、寄售所。特别是在北京，设立了一个分售所与三个酒栈。

此外，清末民国初，湖塘的叶万源酒坊在宁波分别开设了批发和零售两家机构，产品远销闽广及东南亚各地。

64

上海绍酒业大同行。

清代直至民国，上海一直是绍兴酒销售的中心地区。至1948

年，绍兴酒坊在上海设立的销售机构有22家，其中阮社14家。这些销售机构的年均销量，占了绍酒产量的四分之一左右。

后来，以这些销售机构为基础，组建了上海绍兴酒同业公会，俗称上海绍酒业大同行。这些销售机构，自产自销、注重品质，批发为主、批零兼营，以大带小、以强帮弱，热情服务、信誉至上，为绍兴酒在上海市场的巩固、拓展，起到了重要的作用。

65

从路酒与家酒、路装与本装中看绍兴人的智慧。

梁章钜在《浪迹三谈·绍兴酒》中写道，绍兴酒"初制时，即有路酒、家酒之分。路酒者，可以行远者也；家酒则只供家常之用"。也就是说，路酒在酿制时，已充分考虑到了装运时间长、颠簸多、会影响质量的问题，故而必须采用特殊技术，确保上佳品质。

与路酒和家酒相对应，绍兴酒在行销包装上也分为路装和本装两大类。路装的酒，多用陶坛装的形式，因为用陶坛容量相对较大，且易于酒质保持。还根据运销地区的不同，加以不同的称呼，如销往北京、上海、广东、福建等地的，分别称为京装、申装、广装、建装等。

这样的区别，既便于分类生产管理，又利于运输销售，更照顾到了不同地区消费者的不同习俗，培养和加深了消费者对于产品的特殊感情。

66

沈永和墨记酒坊的经验。

"沈永和"由沈良衡于清康熙三年（1664）在府城新河弄妙明寺创办。至第六代沈墨臣时，改坊名为"沈永和墨记酒坊"，达至鼎盛。其经验有五：

一是构建销售网络。在府城日晖弄和县西桥开设两家产销分号，以巩固在绍兴的根据地。与此同时，北上南下，陆续在杭州、上海、天津、北京、哈尔滨和福州、泉州、广州等地开设销售的店家栈房，使产品走向了全国。

二是创新宣传营销。以老寿星图案作为寿星牌善酿酒的商标，配以"卫生善酿酒"字样，请上海大东书局和世界书局以中、英两种文字印制成商标和坊单，十分醒目引人。

三是引进关键人才。大胆引进年轻、技高、踏实的开耙师傅鲁廿七，请其总管酿酒工艺，使酿酒的关键环节与产品质量，得到了进一步的完善与提升。

四是争创国家金牌。清宣统二年（1910）在江宁举办的南洋劝业会上，与绍兴的另一家老字号马山谦豫萃，双双获得了清政府颁发的金牌，这是绍兴酒史上的第一次。民国18年（1929），在杭州举行的"西湖博览会"上，又获得特等奖。

五是开拓国际市场。在日本、新加坡、印尼等地，设立营销点，使产品走向了世界。

黄酒有意思

章东明酒坊的经验。

章东明酒坊创始于清乾隆年间鉴湖之畔的阮社。其经验有三：

一是因时制宜顺天时。酒坊的兴衰，与时势、国运紧密相连。其与同仁堂合作的始与终，是极好的证明。

二是因地制宜用地利。创办于阮社，是得了用鉴湖水与优质糯米之地利。在上海开设七家销售机构，是得了上海这个大市场、大舞台、大学校之地利。在天津开设以章东明祖上之号"全城"与章东明之"明"命名的"全城明记"酒庄，是得了天津作为进京咽喉和进入东北的关口之地利、海上运输和运河运输之地利。

三是因人制宜重人和。这是最重要的一条。

其一，是子承父业，家和事兴。代代相传，齐心协力，终成酿酒世家，干出一番事业。

其二，是广用人才，财自才来。这么多的外地酒行，用的多是有德有才的外人，且用人不疑，放心放手，有的甚至用到其年迈。

其三，是灵活销货，以情动人。结合不同地区顾客的消费习惯，加以不同的灌装与包装。顾客有应急需要，可以送货上门；有批量需要，给予价格优惠。对老顾客，还可以赊账消费。真是做到了一切为顾客服务，以顾客为中心。

其四，是层层把关，保证品质。精选原料，精制酒曲，精巧开耙，精心分装，每个环节都加以严格的把关，使产品质量建立在稳固的基础之上，以此取信于消费者。

其五，是热心公益，广积善缘。如第五代章心甸幼习科举，攻读经史，热心社会公益，广交各方朋友，成为地方著名士绅，享有儒商之誉，还被绍兴县知事赠以"急公好义"匾额。

68

周清于绍兴黄酒的三大贡献。

周清是教育家、农学家、实业家、酿酒专家、民主革命者，是近代绍兴名士的杰出代表。周清为绍兴黄酒作出了三大贡献。

一是获得国际金奖。1915年，为庆祝巴拿马运河开通，美国政府发起，在旧金山举办巴拿马太平洋万国博览会。周清将自己云集信记酒坊的酒送去参展，结果一鸣惊人，荣获博览会金奖。这是绍兴黄酒获得的第一个国际

咏周清（冯建荣并书）

金奖。

二是撰写理论杰作。他在实践探索的基础上，进行理论上的总结提炼，撰成了《绍兴酒酿造法之研究》一书。他在书的"总论"中指出，写作的目的，是发扬国粹，把发明最早、酿造最难、效用最多之绍兴酒，介绍给世界各国，使之成为人们的日常饮品。这是他爱国爱乡情怀和企业家胸怀的生动体现。

三是拓展北京市场。早在就读于京师大学堂和北平大学的八年间，他便将家乡的酒通过京杭运河远销北京，为拓展绍兴酒的北方市场，作出了基础性贡献。

越酒行天下，周清功莫大。国酿总利人，康乐你我他。

69

最是醉乡数东浦。

早在北宋时，东浦酒就已为大家所称颂，闻名于世。清代绍兴诗文大家陶元藻在《广会稽风俗赋》中，称"东浦之酝，沈酣遍于九垓"。

吴寿昌是清绍兴山阴人，乾隆三十四年（1769）进士，他在《乡物十咏》中，有一首五律《东浦酒》，其中写道："醉乡宁在远，占住浦西东。"

李慈铭是绍兴人，清末著名诗人、文史大师。他的诗中，多涉酒内容，数首写到了东浦。咸丰乙卯（1855）上元前夜，与亲友自东浦泛舟大树港月下有作，一句"东浦十里吹酒香"，尽显东浦酿酒的规模之大、酒香之浓。在《夜沿官渎诸水村至东浦得两绝》其二中，他写道："夜市趋东浦，红灯酒户新。隔村闻犬吠，知有醉归人。"一个"趋"字，尽现东浦夜市的迷人魅力；"红""新"二字，尽现东浦夜市的繁华景象；"犬吠""醉归"，是对酒乡夜市的极妙注解。

自古以来，东浦有"醉乡""酒国"之誉。酒谚中，很多与东浦相关，如"越酒行天下，东浦酒最佳"，"绍兴老酒出东浦"，"游遍天下，勿如东浦大木桥下"，因为那里酒坊林立，酒香阵阵。

70

最是酒香飘湖塘。

李慈铭曾居湖塘，对湖塘的山水人文颇有感情。湖塘是鉴湖三曲之第一曲，水尤利酿，故其间多酿酒人家，李慈铭诗中多有涉及。

亲属为他画了《湖塘村居图》，他作诗相谢："远水平铺吟席侧，好山多在酒旗前。"远山近水，酒旗飘飘，好一派酒乡的风光。

他在《夕阳中过湖塘村爱其风景欲徙居之属画师分写二图以为先券》一诗中写道："十里湖塘一镜圆，端相结屋水云边。花光夹渡开鱼市，山影随波漾酒船。"酒乡、水乡、鱼米之乡，跃然纸上。

在《舟行湖塘村》一诗中，有"沿堤花气通人语，隔岸松风引酒香"佳句，酒香、花香、松风之香，扑鼻而来。

绍兴黄酒越千年，

中华国酿总缠绵。

圣贤庶民皆钟情，

春夏秋冬飘欲仙。

卷二

酒之特

　　黄酒作为中华民族的传统特产，在诸多的酒类当中，其历史最久，为中国独有，是中华国酿。

　　绍兴黄酒凭借独优之环境，依靠独绝之城市，有赖独特之原料，依托独精之技艺，终成独佳之品质，因而是至臻国酿、至尊国酿。

　　这是越人奉献给中华民族的宝物，也是中华民族奉献给全人类的宝物。

黄酒有意思

一、中国独有

71

黄酒是中华国酿。

黄酒为中国独有，是中华国酿。这是因为：

黄酒是迄今为止考古发现的中国乃至全球最古老的谷物酿制酒，是公认的世界三大古酒之一。

黄酒起源于中国，与中华文明、中华文化相伴而行，历史源远流长，文化底蕴深厚，既是中国历史经典产业，又是中华优秀传统文化。一部黄酒发展史，堪称半部中国文化史。

黄酒在世界上的所有酒种当中，唯中国独有。在中国所有的出口酒中，最具国家标识度。

越地是谷物酿制酒的起源地，绍兴是国家认定的中国黄酒原产地。绍兴酒以其独特的醇美、典雅的品质，从1959年起，一直是国宴专用酒。

"酿"是黄酒的最本质特征。绍兴黄酒的传统酿制技艺，被列为第一批国家级非物质文化遗产。

由此看来，称黄酒为中华国酿，是名至实归、名正言顺、名副其实的。

　　一个"酿"字，道尽了千年黄酒的本来面目与本质特征，详解了千年黄酒的无穷妙趣与无尽回味。

中华国酿数黄酒（董姝甜绘）

　　绍兴黄酒是至臻国酿、至尊国酿。

　　中华国酿数黄酒，至臻国酿出绍兴。这是因为：

　　环境独优。绍兴黄酒的酿制，具有独优的地理条件、气候条件、土壤条件与微生物条件。

　　城市独绝。绍兴黄酒的酿制，仰仗绍兴这座城址稳定、发展连续、功能多样的天下独绝的城市，是城市赋予了绍兴黄酒以文化的品性。

原料独特。绍兴黄酒的酿制，使用独特的糯米、水、小麦等原料。

技艺独精。绍兴黄酒的酿制，采用独精的传统技艺，颇费时日，工艺繁复，讲究节气。

品质独佳。酿成的绍兴黄酒，品味独一无二，无与伦比。

73

大自然是最好的酿酒师。

在世界上各个国家和地区，酒的出现、流行以及饮酒的习俗，往往取决于这个国家和地区的自然环境。

这是因为在古代，自然环境首先决定了酿酒原料的种植。譬如：在以稻米为原料的中国南方，产生了黄酒的前身米酒、谷物酒；在中国青藏高原、东北地区等旱粮种植区，产生了青稞酒与高粱酒；在黑海与里海间的外高加索地区、地中海沿岸的葡萄种植地区，产生了葡萄酒；在美索不达米亚平原的麦子产区，产生了啤酒；等等。

由此看来，是独特而优良的酒生态，酿出了独特而优质的生态酒。自然生态，是美酒佳酿的生命源泉。反过来，失去了原产地的生态环境，美酒也就会黯然失色、形神皆失。

74

酿出名酒的先决条件。

一个国家和地方要出名酒，除了独特的原料之外，还需要有独特的土壤、水质、空气等作保障。

可以说，良好且独特的综合性生态环境，是名酒诞生的先决条件。

不仅如此，一个国家和地区的酒要真正成为名酒，除了良好的生态环境外，还需要有独特的地方人文、酿制技艺、酒风、酒俗、酒文化等作保障。

可以说，深厚且独特的综合性人文环境，是名酒成名的先决条件。

黄酒有意思

二、环境独优

75

绍兴有酿酒的独优自然环境。

一方水土养育一方风物。一个地方的风物，往往与这个地方的自然环境直接相关。

正是越地独特的地理位置、地形、地貌、气候、土壤等环境、条件，滋养了绍兴黄酒酿造所必需的独特的糯米与水等原料。

也正是这种独特的自然环境与条件，造就了越人与酿酒、咪酒、用酒等相关联的独特的身体素质、性格特征与风俗习惯。

这种独特的自然环境与条件，因此而成为绍兴黄酒酿造的独特的生态基础。

76

独优的地理条件。

绍兴的地势南高北低，由西南向东北倾斜。地形呈"山"字的形状，中间的第一笔一竖是会稽山，第二笔的竖折分别为龙门山与天姥山，第三笔一竖为四明山。

"山"字的北边是绍兴平原，中间的两个凹槽分别是曹娥江与浦阳江，两江流域形成了嵊新、三章与诸暨三个盆地。

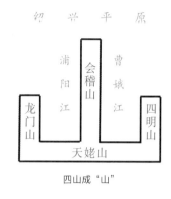

四山成"山"

这就构成了群山环绕、盆地内含、山水相间、平原集中、山地丘陵兼备、台地盆地相融、平原河网一体的独优地理环境。

正所谓最好的风水是山水。这是绍兴成为风调雨顺的风水宝地的原因之所在。

77

独优的气候条件。

绍兴属亚热带季风气候，季风显著，四季分明，年均风速每秒3米左右；雨量丰沛，空气湿润，年均降水量1500毫米，其中汛期占70％左右；气温适中，光照较多，年均气温17℃，年均阴晴天250天。

这样的气候，呈现出了三个独特的优势：光能强，热量足，光、热、水同季。这三大优势，正好集中在水稻的生长季夏季。

这样的水稻生长环境，对决定黄酒独特品质的关键成分——糯米的蛋白质和支链淀粉含量，有着直接的影响。

黄酒有意思

研究表明，糯稻成熟期30℃左右的高气温，能提高5.6%—16.5%的蛋白质含量；灌浆期30℃左右的高水温，能明显提高蛋白质；在日温28℃、夜温21℃左右的温差条件下，能有效提高糯稻米粒中蛋白质的合成率与支链淀粉含量。

正是这种独特的气候因素，成就了黄酒生产的上好原料——优质糯米，提供了黄酒酝酿的天然条件——绝佳气候。

78

独优的土壤条件。

独优的地形地貌，造就了绍兴独优的土壤生态。

绍兴土壤类型丰富，除了地带性的红壤、黄壤外，还广布着隐域性的水稻土等11个土类。

其中的水稻土面积，占了绍兴土壤总面积的30%。它们通常连片分布在滨海、水网地区和河谷地区，尤其集中在鉴湖流域。这是北部平原与新嵊盆地、三章盆地、诸暨盆地，在历史上成为"四大粮仓"的原因之所在。

水稻土是在各类自然土壤的基础上，在人们成百上千年耕种水稻的条件下，发育而成的一类特殊土壤。其中滨海、水网地区的水稻土，起源于浅海、湖沼相和河湖相沉积物；河谷地区的水稻土，起源于河流冲积物或洪水冲积物；第四纪红土、丘陵山区的水稻土，起源于各种岩石风化的残积物、坡积物、再生物等。

水稻土的起源与分布，决定了它具有不可复制、连片集中、土质肥沃、排灌方便、产出较高的特征。

土地是作物之母。正因为如此，水稻土的所在地，成了名副其实的黄酒酿造原料（糯稻、小麦，尤其是糯稻）的极佳产区。

79

独优的微生物条件。

绍兴在气候划分上，处于亚热带的北缘；在生物分布上，处于靠近古北界的东洋界。这就决定了绍兴生物的多样性与稳定性。

南山北水的地理，使得南部山林中的花粉等有益菌体，会时常进入北部平原。在外部海洋气流的影响下，北部平原空气新鲜，湿度较大，易于菌体生存。这就决定了北部平原微生物菌体的多样性与稳定性。

绍兴黄酒是开放式自然发酵的酿造酒，其各个生产环节与不同的自然季节紧密相连。特别是在发酵过程中，麦曲与酒药的生产都靠自然菌体培育，原料本身也是与大自然的菌体融为一体的。

正是这个由丰富且复杂的菌体形成的微生物圈，成就了黄酒风味的独特性与稳定性。

黄酒有意思

三、城市独绝

80

绍兴酒有独绝的城市支撑。

这座城市，是举世闻名的越国古都、东方水城、文化遗产、旅游胜地，是国务院公布的第一批历史文化名城。

这里有源远流长的文明，是中华文明的缩影；这里有博大精深的文化，是中华文化的缩影；这里有琳琅满目的文献，是中华文献的缩影。而所有这一切，皆得益于这里有一座由古及今的城市。

可以说，绍兴古城，是绍兴人文的集大成者，是中华人文的典型代表，是绍兴酒长盛不衰、蜚声中外的最为坚强有力的支撑。

81

绍兴古城具有城址的稳定性。

首先，这种稳定性，基于沧海桑田的自然变迁。因为正是这种变迁，造就了辽阔的会稽山北部平原，即今天的绍兴平原，从而为绍兴城市提供了充分的选址余地、宽广的建设舞台。

南宋绍兴府城图

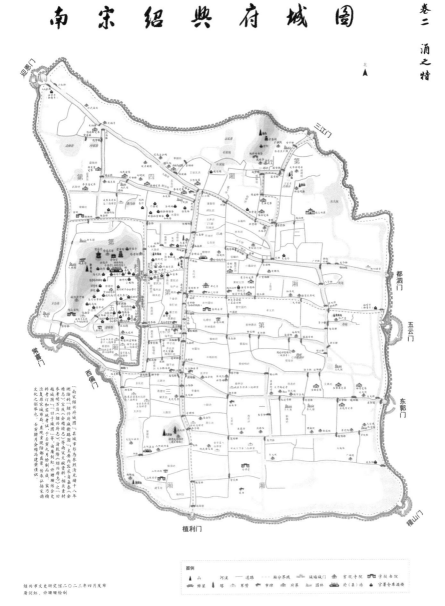

南宋绍兴府城图

其次，这种稳定性，源于越王句践的英明选址。《吴越春秋·句践归国外传》中记载，公元前490年，句践采纳范蠡的建议，"处平易之都，据四达之地"，以会稽山北麓的今府山、塔山、蕺山等九座孤丘与由南而北的南池江、坡塘江等为地理坐标，构筑句践小城与山阴大城。这一科学、精准的选址，为这座城市在原址历经2500多年的风雨而岿然不动，奠定了最坚实的基础。

最后，这种稳定性，缘于地理环境的巧妙利用。从地质看，这里的地层发育比较完备，结构比较稳定。从地貌看，南山北水，为城市所必须配套的农林牧副渔各业的发展，以及交通、用水等，提供了有利条件。从地形看，外围地区西部的龙门山、东部的四明山、中部的会稽山，都是天然的安全屏障。

这三个方面，实际上告诉后人，城市的选址与发展，必须具备三个基本的条件，那就是广阔的空间腹地、稳定的地质基础、有利的地理环境。

82

绍兴古城具有发展的连续性。

根据《吴越春秋·越王无余外传》的记载，早在4000年前，大禹便在越地开始了筑治邑室的工作，以至出现了"天下喁喁，若儿思母、子归父而留越"的动人景象。

由此而始的绍兴城市发展史上，有三座伟大的里程碑。

一是句践筑城，为绍兴这座城市奠定了城址的基础。句践小城及山阴大城，在当时对凝聚人心、成就霸业起到了根据地的作用，对后来城市的发展起到了奠基石的作用。

二是杨素修城，为绍兴这座城市奠定了城郭的基础。通过建子城为内城，修罗城为外城，基本上形成了今天绍兴古城的规模。现在绍兴市越城区的一环线，即大致为原罗城城墙的基底。

三是汪纲治城，为绍兴这座城市奠定了城网的基础。通过这次修治，城内的河渠分布、街衢分布、厢坊设置基本定局，从此直至清末民国，都没有大的变化。即便到了今天，也仍然保存着宋城的轮廓。

83

绍兴古城具有功能的多样性。

古今中外的大多数城市，功能往往相对比较单一，或侧重经济，或侧重政治，或侧重文化，或侧重于其他。即便是侧重经济的城市，其功能也相对比较单一，如港口型城市、资源型城市等。

而绍兴这座城市，恰恰具有功能的多样性，这是它独具魅力的重要原因之所在。

第一，绍兴是名副其实的中国古都。它在历史上曾作为独立的政权的都城，城址未曾改变，发展未曾中断，至今仍有活力。春秋末期，这里是越国首都。五代十国时，这里是吴越国的东都。南宋初，这里先是事实上的首都，后又成为事实上的陪都。

第二，绍兴是从未中断的区域中心。除了古都性质之外，这里在更长的时期内，一直是数级地方官衙的所在地。道、州与山阴、会稽两县共计三个行政层级、四个行政机构同驻一城的局面，在中国古代城市史上并不多见，在今天的浙江境内，更是仅此而已。

第三，绍兴是令人神往的天下巨镇。《宋书·顾觊之传》载，东晋南朝时，这里已是"海内剧邑"。南宋时，陆游称"今天下巨镇，惟金陵与会稽耳"。朝鲜弘文馆副校理崔溥以亲眼所见，在《漂海录》中记载，明代时，绍兴"阛阓之繁、人物之盛，三倍于宁波府"。清嘉庆《大清一统志》中记载，嘉庆二十五年（1820），绍兴府人口达539.2万。

84

绍兴古城具有典型的示范性。

绍兴这座城市，以其城址的稳定性、发展的连续性、功能的多样性，而闻名神州，典范寰宇，启示来者。

其一，城市建设必须顺应自然。顺应自然，体现的是山水生态的延续性。绍兴这座城市，完全称得上是因水而兴的杰作、据水而强的标杆、由水而新的榜样，是越人建城的巧夺天工之作。

其二，城市建设必须顺应时势。顺应时势，体现的是历史人文的延续性。任何城市，都是特定历史条件下的产物，其发展也必须与时代的脚步相随。这种相随，是在既往历史基础上的创新发展，是对城市文脉的传承，而绝不是大拆大建，推倒重来。

其三，城市建设必须顺应民心。顺应民心，体现的是民本思想的延续性。市民是城市的主人。在任何情况下，关心市民的喜怒哀乐、生老病死，都是城市发展的一条铁律。城市为市民，市民爱城市。越是顺民心，城市就越兴盛。

85

举国罕觏的文化古城。

绍兴这座古城，以其城址之稳定、历史之悠久、发展之连续、功能之多样、规模之宏大、水域之丰富、山水之兼备、人文之辉煌、记载之完备，而声闻海内外。

这样的一座城市，既赋予了绍兴酒人无我有的文化品性，更支撑了绍兴酒千百年来的长盛不衰。

这样的城市，堪称江南独绝，举国罕觏。这当然是这座城市的光荣，但更赋予了这座城市的为政者与市民一份继往开来、汲古润今的沉甸甸的责任。而在尽好责任的基础上，有朝一日成为"世界文化遗产"，自然也是众望所归、实至名归的。

86

举世无双的东方水城。

18世纪末叶，法国传教士格罗赛曾对绍兴城作过这样的描述："它位于广阔而肥沃的平原中，四面被水包围，使人感觉到宛如在威尼斯一样。"

黄酒有意思

鉴湖梦忆（俞小兰绘）

格罗赛的这一描述，成了后来称绍兴为"东方威尼斯"的来源。

格罗赛作为土生土长的西方人，他所看到的，只是绍兴与威尼斯均"被水包围"这种"一样"的表象，他没有注意到，这两座分处东西方的城市，在历史文化上的"不一样"。

绍兴建城，在公元前490年；而威尼斯建城，则在公元6世纪，足足比绍兴晚了1000多年。在这1000多年的漫长历史中，绍兴积累了包括酒文化在内的无比深厚的文化底蕴。

独特的山水风光加上独特的历史文化，造就了绍兴城的独特韵味。没有一座城市可以与绍兴同日而语。就山水风光的秀美与历史文化的辉煌同时具备而言，绍兴完全称得上是举世无双的东方水城。

四、原料独特

87

绍兴有酿酒的独特原料优势。

绍兴酒独步天下、生生不息、声名远播，与所用的水与糯米等原料的独特性直接相关。而东汉时会稽太守马臻主持修筑的鉴湖，对于这水与米的生产提供又直接相关。

可以说，鉴湖对于绍兴黄酒作出了独特的、无可替代的、无与伦比的，甚至是决定性的贡献。

第一，鉴湖从根本上改变了《管子》中所讲的"越之水浊重而泊"的局面，为绍兴酒的酿造，提供了佳绝之用水。

第二，鉴湖极大地改善了土壤生态与农田灌溉条件，为绍兴酒的酿造，提供了上乘之糯米。

第三，鉴湖作用的综合性发挥，农业生产和地方经济的持续发展，人口的持续增长与消费水平的持续提高，为绍兴酒的消费，提供了广阔的市场。《宋书·沈昙庆传》中写道，"会土带海傍湖，良畴亦数十万顷，膏腴上地，亩直一金"。唐代大诗人杜牧在《李纳除浙东观察使兼御史大夫制》中，称越州为"机杼耕稼，提封七州，其间茧税鱼盐、衣食半天下"。

第四，鉴湖改善了越地北部的气候环境，铸就了古越大地的山水风光，既养育了一代又一代有为四方的名士，又吸引了一批又一批来自四方的文人，从而为绍兴黄酒注入了丰富的文化元素。

88

鉴湖水质的独特性。

对于鉴湖水的独特品质问题，诸多的科研机构与专家学者，进行了深入的研究、精准的检测，得出了科学的结论。

一是水质清澄。王羲之的"山阴道上行，如在镜中游"，李白的"镜湖水如月"，陆游的"镜湖俯仰两青天"，写的都是鉴湖的水清如镜。

二是软硬度极佳。轻工业部科学研究设计院等编著、轻工业出版社1960年出版的《黄酒酿造》中认为，酿造用水硬度以2—6度为宜。而鉴湖水平均硬度为2.5度，实属酿酒所需水中的极品。

三是富含矿物质与钼、锶等微量元素。这些微量元素，既是微生物生长繁殖的原始基础所在，也是调节水中pH值的重要因素所在，从而使得绍兴酒的品质远在一般酒类之上。不仅如此，这些微量元素还在酒的贮存过程中持续发挥特殊作用，使酒的色、香、味更佳，这也是绍兴酒越陈越香、成为黄酒极品的基本原因所在。

89

"山阴、会稽之间，水最宜酒"。

清人梁章钜在《浪迹续谈·绍兴酒》中写道："今绍兴酒通行海内……盖山阴、会稽之间，水最宜酒，易地则不能为良，故他府皆有绍兴人如法制酿，而水既不同，味即远逊。"这段话包含了四个重要的信息：

一是山阴、会稽之间的水，是鉴湖水。

二是绍兴酒在当时"通行海内"的原因，在于这里的"水最宜酒"。

三是易地如法所酿之酒"不能为良"，是因为其水非最宜酒。

四是同样的技术，不同的水，酒的味道大不相同。

这些信息集中到一点，是鉴湖水最宜酿酒。

90

用鉴湖"水而酿黄酒，世称独步"。

民国17年（1928），鉴湖边上阮社章鸿记酒坊的一张坊单上，有这样一段话："浙江绍兴自汤、马二先贤续大禹未竟之功，建堤、塘、堰、坝，壅海水在三江大闸之外，导青田鉴湖于五湖三经之内，用斯水而酿黄酒，世称独步，实赖水利之功……仿造绍酒，充盈于市。质式与绍酿无异，惟饮后常渴，由于水利非宜。"

黄酒有意思

这段话指出了绍兴酒"世称独步"的根本原因，是在于用鉴湖水酿制而成的。而鉴湖水作用的发挥，则实在是大禹、马臻、汤绍恩等历代先圣先贤接续治水的功德。

91

绍兴酒"遍行天下"，"水使然也"。

《调鼎集》是清代食谱的集大成之作，其中写道："独山、会之酒，遍行天下，名之曰'绍兴'，水使然也。"

世上那么多美酒，唯独山阴、会稽所产的绍兴酒"遍行天下"，这完全是鉴湖水的功劳。

这分析真是一矢中的，入木三分。

92

"水既不同，味即远逊"的典型例子。

陈仪是绍兴黄酒重镇东浦人。他在赴任台湾地区的行政长官时，带去了一批绍兴的酿酒师傅与地道的酒药，在那里按照家乡的传统工艺酿酒。

但是，由于没有了鉴湖水，这批技术精湛的酿酒师傅，怎么也酿不出地道的家乡酒，甚至所酿的酒还带有点混浊与苦味。

这正如清人梁章钜所说的那样，"水既不同，味即远逊"。难怪台湾同胞在喝当地产的黄酒时，喜欢加点话梅，以调和浊度、调节口味。

93

陈桥驿论绍兴酒与鉴湖水。

陈桥驿作为著名的历史地理学家，在《绍兴史话》中，对绍兴酒与鉴湖水的关系，作了科学、严谨、精辟的论述。

书中写道："绍兴酒的确是绍兴地区值得自豪的特产。取之不尽的鉴湖水，是酿造绍兴酒不可取代的水源，也是绍兴自古以来发展酿造业得天独厚的条件，而特别重要的更是几千年来所积累起来的酿造经验。"

"不可取代""得天独厚"，指明了鉴湖水的独特性，更指明了绍兴酒用水的唯一性。而将独特的鉴湖水作为酿制绍兴酒的唯一用水，这本身就是绍兴几千年来所积累起来的极其宝贵的酿酒经验。

94

越水最宜酿酒的奥妙。

绍兴黄酒独步天下，在很大程度上，是因为所用之水独步天下。

一是距今14亿至10亿年华夏古陆与大陆板块的碰撞，形成了今日绍兴的基底与恰到好处的矿物。这些矿物，给绍兴的水源注入了源源不断的多种微量元素。这些微量元素，不但有助于酒的酿制生产，而且还有助于酒的贮存醇化。

二是发生于距今10万至5000年的三次海进与海退，使这里的

黄酒有意思

水域形成了独特的泥炭层。这种泥炭层，具有吸附水中的重金属以及污染物、净化地表水的独特作用。唐代大诗人孟郊在《越中山水》中写的"越水净难污"，指的正是这种情况。

三是东汉鉴湖的筑成与明代三江闸的建成，以及历代水利的持续兴修，对越水起到了持续的淡化、活化与涵养作用。

四是鉴湖水由源自会稽山的数十条溪流汇聚而成。问湖哪得常泱泱，为有源头活水长。

天成与人工的完美结合，使越水——鉴湖水成了无法仿制的独步天下之水，使越酒——绍兴酒成了无法仿制的独步天下之酒。

这是大自然给绍兴人的慷慨恩赐，也是绍兴人对大自然的能动利用。

绍兴浙东运河文化园（沈鸿泉摄）

95

运河给绍兴酒带来了好运。

讲鉴湖给绍兴酒带来的利好，自然也离不开运河给鉴湖和绍兴酒带来的好运。

一是运河保障了酿酒的水质。绍兴地势南高北低，河流呈由南往北流向。在春秋末越国时"山阴故水道"基础上逐渐形成的浙东运河，贯穿东西两端，连通南北河流，使绍兴平原上河湖相连，水畅其流，既保障了充分的酿酒水源，又保障了优质的酿酒用水。

二是运河方便了黄酒的外运。西晋永嘉元年（307），会稽内史贺循疏浚开通了东起郡城，西经柯桥、钱清，直至钱塘江边西陵（今杭州市萧山西兴）的"西兴运河"。南朝时，浙东运河全线贯通，东连东海，西通钱塘江。

到了隋唐，在京杭大运河开通以后，浙东运河又与长江、淮河、黄河、海河相连通，经浙东运河可直上京津诸地，并可经隋唐运河等，通达西北地区。浙东运河由此而成了中国大运河的最南端。绍兴酒正是通过这条水上大动脉，源源不断地远销海内外的。

三是运河促进了人员的往来。水上交通在古时候，具有廉价、方便、快捷、安全等优势，这在江南水乡尤为明显。

正因为如此，浙东运河的形成与延伸，极大地促进了人员的往来，成了绍兴历史上对外开放的重要标志。六朝与两宋之际北人的南迁、南宋朝廷的转危为安、浙东唐诗之路的形成等，无不与此直接相关。

这些人员的往来、交流，既促进了绍兴酒在当地的直接消费，又扩大了绍兴酒在海内外的影响与销售，更丰富了绍兴酒的文化意蕴，给绍兴酒深深地打上了文化的烙印。

96

"春风不改旧时波"。

鉴湖水是酿造绍兴酒的圣水——神圣之水。

汲取门前鉴湖水，酿得绍酒万里香。绍兴酒的万里香，正是在于鉴湖水的源远流长。

"唯有门前镜湖水，春风不改旧时波。"如今，千百年的岁月已经过去，然而，春风不改，鉴湖依旧，叹物是而人非，贺佳水兮仍在，鉴湖水依然是绍兴酒的唯一用水。由此看来，少一些移山填水的盲目，就可多一条传承中华优秀传统文化、延续历史经典产业的路子。

97

绍兴糯米的独特性。

绍兴气候、土壤、微生物与灌溉用水等环境的独特性，造就了黄酒原料绍兴糯米——越糯的独特性。

越糯不是普通的糯米，它是由越人在万千年的优选改良中培育而成的，是在越地这一方最为适宜的水土环境中生长而成的。

这种糯米，具有七个优点：米粒特别饱满，质地特别精良，淀粉含量特别高，黏性特别强，蒸煮、糊化、发酵、糖化特别容易，出酒率特别高，所产酒质特别清香、醇厚、甘润。

尤其是当年产的新糯，在浸渍工序中能大量繁殖乳酸菌，以产生微酸环境，从而有效抑制杂菌繁殖，确保发酵顺利进行，因而成为酿酒糯米的首选。

绍兴东鉴湖酿酒用糯稻基地（沈鸿泉摄）

98

北宋时越糯供京师。

越地种植糯稻，历史久远。东汉时，随着鉴湖的筑成，会稽就已经用糯米酿酒了。

东晋南朝时，会稽糯稻连片种植，主要供大族庄园酿酒之用。

根据《宋史·食货下七》的记载，北宋时京师每年酿酒需要糯米30万石，其中便有越地所产之糯米。

宋神宗熙宁九年（1076），江南、两浙遭灾歉收，米价上涨，朝廷要求地方官员到糯米产地预先给钱，等到丰收时折米输送官府。由此亦可见，当时越州所产糯稻的规模之大、品质之佳。

99

南宋时越糯品种多。

南宋时的嘉泰《会稽志》，陆游为之作序，历来好评如潮。

该志在卷第十七《草部》中记载，绍兴府属鉴湖流域的山阴、会稽两县，所种水稻有56个品种，早、中、晚一应俱全，籼、粳、糯应有尽有。

其中糯米的品种多达16种，特别是有一种叫晚糯的糯米，最宜酿酒，酿成的酒"汁酽而清"。里边还写道，"盖诸秫为酒不如稻糯之清也"。这就表明，时人对糯米酿酒的重要性，已经有了科学而深刻的认识。

南宋时，糯米品种的多样性，为酒类品种的多样性提供了原料上的支撑。

100

南宋时越糯品质奇。

南宋时的宝庆《会稽续志》与嘉泰《会稽志》，是浙江省宋代方志中的双绝，有"会稽二志"之称。

续志收录的绍兴人孙因所撰《越问》中，专门有《越酿》章节，里边写道："扬州之种宜稻兮，越土最其所宜。糯种居其十六兮，又稻品之最奇。"

这26个字告诉了我们三个重要的史实：一是在东南的古扬州地区中，越土最适宜种植糯稻；二是当时绍兴糯稻的种植，占了全部稻作的60％；三是绍兴糯稻的品种，是最好的。

糯稻品质好、需求大，导致价格不断上涨，甚至高出粳米一倍。《宋会要辑稿·食货七十》中，便给我们留下了这样的记载：宋高宗建炎四年（1130）十月，"糯米一斗为钱八百，粳米为钱四百"。

101

绍兴小麦的独特性。

小麦是制作麦曲的关键原料，其品质的好坏，直接决定着麦曲的品质，进而影响酒的品质。

绍兴所产小麦，得益于地理、气候、土壤、微生物等独特的环境优势，具有皮黄而薄、颗粒饱满、淀粉含量高、黏性好、杂质少等鲜明的特点。

用这种小麦制成的麦曲，因蛋白质含量高，适合酿酒微生物的生长繁殖，是产生鲜味的重要来源；因富含纤维质，有较好的透气性，能使微生物互不干扰地生长繁育，获得更多有益的酶，有利于酿酒发酵的完善；因其成分复杂，能生产各种气态成分，赋予黄酒独特的醇香。

102

绍兴麦曲的用麦标准。

麦曲是绍兴酒酿造的关键辅料，小麦是麦曲制作的关键原料，有极高的标准要求。

《黄酒酿造》中是这样描述的："绍兴各酒厂都是采用本地出产的小麦为主，生产上极重视小麦品质的优劣，一般要求的标准是：

（1）麦粒完整，而无虫蛀的。

（2）干燥适宜，外皮薄，呈淡红色，两端不带褐色的小麦为好。胚乳要坚硬，青色的和还未成熟的都不适用。

（3）小麦以当年所产的为佳，不可带有特殊气味。

（4）麦粒的大小及品种要一律。

（5）须不含秕粒、尘土及其它夹杂物。"

这样的标准要求，近乎是一种苛求。然而也正因为如此，才保证了绍兴酒的品质。

103

绍兴麦曲用绍兴小麦。

《黄酒酿造》中，特别强调"绍兴各酒厂都是采用本地出产的小麦为主"。

为什么绍兴各酒厂制作麦曲时，都用本地出产的小麦呢？这是因为本地出产的小麦品质好，也是因为本地出产的小麦与绍兴酒的基本原料糯米和鉴湖水，都是出自这一方水土，它们具有相同的品性和相互的适应性，这也是绍兴酒品质的重要保证。

五、技艺独精

104

绍兴有酿酒的独精工艺技术。

越水、越土育成越糯与越地小麦，越糯、越水与越地小麦制成的麦曲酿成越酒。

这是聪明绝顶的越人因地制宜、地尽其利的伟大发明与创造。

然而，诚如汉时先贤王充在《论衡·状留篇》中所言，"河冰结合，非一日之寒；积土成山，非斯须之作"。

酒以载文（俞小兰绘）

酿成绍兴酒的独精工艺与技术，正是对这位先贤之言的最好印证。

105

绍兴酒的酿制，颇费时日。

夏天，采割辣蓼草，做成酒药。

秋天，制作麦曲。

冬天，浸泡糯米，经发酵，再开耙酿造。

来年春天，压榨，灭菌，灌装，封坛。

可见，一坛酒的酿成，需要跨越当年与来年两个年份，经历春夏与秋冬四个季节，实属来之不易。如果要进而使一坛酒变成一壶酒、一杯酒，放到消费者的餐桌上，赢得消费者的青睐，则尚需要至少三五年的醇化时间，所以尤显珍贵。

一坛美酒，一杯佳酿，这是酿酒人诚心诚意的写照、精益求精的结果。这或许也是绍兴酒延绵数千年而长葆青春的奥秘之所在吧？！

106

绍兴酒的酿制，工艺繁复。

整个酿制工艺，大体上分为八大步：浸米，蒸饭，落缸，发酵，压榨，煎酒（灭菌），封坛，陈贮。

黄酒有意思

这里边如果加以细分，则每一大步又可分出若干道工艺。其中，最神秘的是发酵。发酵期间，必须适时开耙，以调节内部温度、补充新鲜空气。这项工艺，技术难度极大，对酒品的影响极大，必须由经验丰富的开耙师傅来把关，这也是开耙师傅在酒企中享有崇高地位的原因之所在。

107

绍兴酒的酿制，讲究节气。

立冬开酿，是酒乡绍兴的神圣时刻，是越水、越糯等与天时的神奇结合。

立冬开酿，是天时。越水、越糯等存在于、生长于古越大地，是地利；开酿后，开放式自然发酵的全过程，同样是地利。而独精的酿酒技艺，则是人和。所以，绍兴黄酒是天时、地利、人和的完美结合。

正因为如此，2000年，绍兴黄酒被批准为中国第一个原产地域保护产品。

如果说立冬开酿，是绍兴酒酿制承上启下的关键节点的话，那么其上与其下，同样是不可或缺的重要环节。正是因为它们之间的环环紧扣、层层把关、步步升华，才酿成了一坛有口皆碑的好酒。

108

酒药。

又称小曲、白药、酒饼，是我国独特的酿酒用糖化发酵剂。东晋时，上虞人嵇含在《南方草木状》中，最早提出了"小曲"即酒药。

酒药一般在农历七月生产制作，其原料为新早籼米粉和辣蓼草。

绍兴酒在酿制过程中，以酒药发酵制作淋饭酒醅作为酵母，即俗称的"酒娘"，然后去生产摊饭酒。其目的，是用少量的酒药，通过淋饭法在酿酒初期，使霉菌、酵母逐步增殖，使淀粉原料充分糖化发酵。这是绍兴酒生产技艺的独特之处。

109

麦曲。

麦曲是酿制绍兴酒的关键性辅料，在绍兴酒酿造中占据极其重要的地位，用料达主要原料糯米的六分之一强。

麦曲的生产制作，一般在农历八九月间，此时气候温湿，极宜曲菌培育生长。因此时正值桂花盛开，所以又有"桂花曲"的美称。

麦曲的主要功用，是作为多菌种的糖化发酵微生物制剂。同时，也有助于酒醪升温和开耙调温，赋予绍兴酒独特的色、香、味。

黄酒有意思

110

淋饭酒。

学名"酒母",俗称"酒娘",是制作摊饭酒的发酵剂,对摊饭酒的正常发酵、顺利生产,具有生身母亲般的意义。

淋饭酒一般在农历小雪节气前后开始生产制作,经20天左右的养醅发酵,即可作为酒母使用。因在制作的过程中,需将蒸熟的饭淋水冷却,故名。

酒母在使用前,需采用化学分析和感官鉴定的方法,进行严格的挑选,以酒精浓度高、酸度低、老嫩适中、爽口、无异杂气味者为优,这个过程,俗称"拣娘"。

111

摊饭酒。

又称"大饭酒",即正式酿制的绍兴酒。因采用将蒸熟的米饭倾倒在竹簟等器物上摊冷的操作方法,故名。

摊饭酒一般在农历大雪节气前后开始制作,具体是将冷却到一定温度的饭与麦曲、酒娘、水一起落缸保温,进行糖化发酵。

为了在发酵过程中,使各种成分适时适量、恰到好处地生成,必须科学开耙。这是整个酿酒过程中的核心技术,可谓胜败在此一举。

摊饭酒的酿制是糖化与发酵同时进行的，所以也称"复式发酵"。其前后发酵时间需90天左右，是各类黄酒中发酵期最长的一种酿制方法，因而酿成的酒也是最好的。

112

压榨。

又称过滤。经过90天左右的发酵酝酿，酒醅已经成熟，酒糟下沉，酒液清澄、透明、黄亮，口感清爽，酒味浓烈，有新酒香气，无其他异杂气。

此时，作为液体的酒液在上，作为固体的糟粕在下，上下混在一起，需要进行压榨分离。

压榨出来的酒液叫生酒，又称生清，其中尚含有悬浮物而出现混浊，还需进行澄清，以减少沉淀物。

113

煎酒。

传统的工艺是，将生酒放在铁锅里煎熟，故名。这是黄酒生产的最后一道工序，必须认真对待，严格把关，否则便会使生酒变质，前功尽弃。

煎酒的目的有二。一是灭菌，将微生物杀死，将酶破坏，使酒中的各种成分基本固定、稳定下来，以防止贮存时变质。二是促进

黄酒有意思

酒的老熟，并使部分可溶性蛋白凝固，经贮存而沉淀下来，使酒的色泽更加清透。

酒坛版画
（圆圆——陈昊玥绘）

114

成品分装。

这是紧接着煎酒而进行的一个环节，其主要目的，是便于贮存、保管、运输，有利于新酒的老熟醇化。

绍兴传统的做法是，成品黄酒一般采用25千克容量的大陶坛来盛装，其优点已为千百年的实践所证明。

现在也有用不锈钢材质的大容器贮酒，用玻璃、陶、瓷等材料的小包装灌装的。

115

荷叶覆口老酒坛。

荷叶，是盛了绍兴酒的陶坛封口时，用的一种重要包装材料。

酒入陶坛后，坛口须即刻覆上经沸水消毒灭菌的荷叶，盖上灯盏形的陶盖，再用箬壳包上，竹丝扎紧，不致渗漏，然后趁热糊上泥头，待坛内酒的热量将泥头水分烘干后入库贮存。用荷叶覆口老酒坛，有着其他材料不可替代的四个优点。

一是荷叶忄平味苦，清凉解热，属于传统的药膳原料。

二是荷叶的清香与酒香融合后，有助于酒质的稳定与醇化。

三是荷叶透气不透水，既可防止酒精挥发，又能在坛口形成一个饱和的蒸气层，使坛酒与坛口之间形成一种近似真空的环境，从而确保酒在贮存与运输时的质量。

四是方便就地取材。绍兴是水乡，种莲藕是传统。南宋嘉泰《会稽志》中记载："山阴荷最盛……夏夜香风，率一二十里不绝，非尘境也。"山阴县的荷花有八个品种，兼具食用、覆坛、观赏等多种功能。夏夜信步其间，香风拂面，心旷神怡，如入一尘不染的一方净土。

这是先民在长期的酿酒实践中，经过反复比选的结果，即便在科技发达的今天，也还没有发现比荷叶更好的替代用品。

116

陶坛装酒的好处。

周清在《绍兴酒酿造法之研究》中指出，"欲得佳酿，其最要条件，在装置器具"。这是将贮酒器具对于酒质的保障，放到了最重要的位置。

陶坛其质历久愈佳，不像装清酒与葡萄酒之圆桶，易变质，且有损酒品。

陶坛较之于玻璃瓶，容量大，较牢固，特别是不透光线，不会对酒质造成影响。

陶坛坛体具有透气性，特别是坛口覆以荷叶，缚以竹箬，封以泥土，使空气流通，后熟作用明显，有助于改良酒的风味。

陶坛方便辨酒。清人梁章钜在《浪迹续谈·绍兴酒》中写道："辨酒之法，坛以轻为贵，盖酒愈陈则愈缩敛，甚有缩至半坛者，从坛旁以椎敲之，真者其声必清越，伪而败者其响必不扬。"

不仅如此，陶坛其貌不扬，土气十足，还有着壮实而憨厚、自然而别致的审美价值。

117

绍兴老酒诸暨坛。

绍兴老酒最佳的贮存与运输器具，莫过于陶坛。民国时期，这坛多来自诸暨的安平、洋湖一带，出自诸暨的能工巧匠之手。

诸暨酒坛有三大明显的优势：一是陶土好，二是燃料好，三是技艺好。手工制坯，龙窑煅烧，坛质坚固，疏密有度。

正因为如此，诸暨酒坛深受酒坊的欢迎。清末民国初，诸暨人徐氏在鉴湖之畔的绍兴西郭霞川，办起了当时规模最大的陶坛生产企业"晋和坛行"，年产规模达到了2.2万只左右。

诸暨坛的最大优点，是适应绍兴酒的独精技艺与贮存、运输要求，规格成系列，透气性能好，坛体上大下小。

这是因为，绍兴酒贮存时，如坛身上下一般大小，堆放过紧，势必会影响空气的流通与坛酒的呼吸陈化，也不方便抬放搬运。而上大下小的坛体，则可避免这些问题的产生，且用软绳索套活络结的方法，移动起来十分便捷。这是先民们实践经验的科学结晶。

118

绍兴花雕。

在内装绍兴黄酒的陶坛外表，饰以图案，谓之绍兴花雕，俗称花雕。

花雕之名称，经历了从酒坛到酒名的变化。开始的时候，花雕是指那些在外或画或塑了图案的酒坛，后来又以内装佳酿、外饰美图而将绍兴酒称为花雕酒。

花雕之图案，经历了从平面到立体的变化。最早的花雕图案，用的是彩绘装饰的方法。现藏于上海博物馆的一宋代酒坛，烧制有"酒海醉乡"的行书字样与黑色花鸟平面图案，当为花雕之雏形。20世纪40年代，浮雕造型图案开始出现；至70年代末、80年代初，浮雕造型成为花雕酒的定型图案。

花雕之题材，经历了从单一到多彩的变化。不管是彩绘还是浮雕，都是如此。特别是浮雕的题材，神话、传说、典故，应有尽有；人物、山水、花鸟，琳琅满目；乡土、民族、外邦，璀璨耀眼；福禄、寿仙、祥瑞，喜气洋洋。各式品种竟达200种以上。

花雕之工艺，经历了从简单到繁复的变化。现在，一只花雕酒坛，要历经选坛、灰坛、打磨、上漆、图案打样、沥粉、油泥堆雕、正图彩绘、副图上色、勾金、题款、包装等12道大工序，其间更需经过数十个工艺点。特别是其中的油泥堆雕和彩绘上色，非优秀工匠，断难以为之。惟其如此，"绍兴花雕制作工艺"于2007年，入选浙江省第二批非物质文化遗产名录。

花雕之使用，经历了从富家到民间的变化。明清时，富家常以花雕之红色喜庆、吉祥寓意，作为女儿的婚嫁用品。后来，随着匠人队伍以及作坊与作业规模的扩大，花雕逐渐成为高档、花色绍兴酒的代表，不仅为民间所喜爱，还大批出口海外，更被北京钓鱼台国宾馆等列为专用国礼。

花雕（绍兴咸亨黄酒博物馆提供）

六、品质独佳

119

绍兴酒有独佳的色香味道。

独优的自然环境、独绝的城市品位、独特的原料优势、独精的工艺技术，终于酿成了色、香、味独佳的绍兴黄酒，使其成了名副其实的至臻国酿、至尊国酿。

由环境独优、城市独绝、用料独特、技艺独精而致的品质独佳，是绍兴酒有别于其他黄酒的最为本质的特征，是绍兴酒通行天下的最为根本的原因，更是绍兴酒更好度己度人的不二法门。

120

绍兴黄酒的色。

绍兴黄酒的色，是琥珀色，纯净明洁，清澄明澈，赏心悦目，勾人心魂。

绍兴黄酒之色，指的是酒的外观。它考的是品酒者察颜观色的视觉功夫，而凭的则是黄酒自身本色的视觉效果。

唐代诗人岑参的"酒光红琥珀，江色碧琉璃"，写尽了美酒之秀色。

宋代乡贤陆游的"醅醅霞晕力通神，潋潋鹅雏色可人"，讲透了佳酿的诱人。

121

绍兴黄酒的香。

绍兴黄酒的香，是梅兰香，清爽淡雅，幽幽徐徐，绵绵脉脉，沁人心脾。

绍兴黄酒通常有三香。溢香——酒入杯子，香溢于鼻，酒愈好则香愈浓愈久，古典小说中有"透瓶香"之说。喷香——酒入口后，醇香充溢口腔。留香——酒虽下咽，而口中余香仍在，绵绵盈舌。

122

绍兴黄酒的味。

绍兴黄酒的味，是无穷味，醇厚甘润，柔和缠绵，回味悠长，撩人心弦。

绍兴黄酒通常有五味，又称越酒之五德。

浓——酒香浓郁。

醇——酒性醇和。

甜——洒味甘甜。

净——酒质纯净。

长——酒意绵长。

酒（王子珩绘）

七、好评独享

123

绍兴酒有独享的极高评价。

绍兴酒是以糯米等为主要原料，经过独精的酿造工艺，使其与酒药、酒曲、浆水中的多种霉菌、酵母菌等产生交互作用而酿成的低度原汁酒。

绍兴酒的主要成分，除了乙醇和水外，还有麦芽糖、葡萄糖、糊精、甘油、含氮物、琥珀酸、无机盐及少量醛、酸与蛋白质分解的氨基酸、肽类等康养物质。

正因为如此，绍兴酒具有独佳的勾人心魂之色、沁人心脾之香、撩人心弦之味。

古往今来，从帝王将相、社会名流，到文人墨客、黎民百姓，都给了绍兴酒以独享式的极高评价。

冬酿（俞小兰绘）

124

宋高宗歌咏绍兴酒。

宋高宗在历代帝王中以文才著称，堪称文才不菲，诗文灿然。

他对绍兴情有独钟，曾于绍兴元年（1131）七月十日，奉和唐肃宗时待诏翰林张志和的《渔歌子》，作成《渔父词》15首，以帝王之尊，热情歌咏绍兴的山水风光、特产风物与人文风俗，其中5首与酒相关。这15首词被完整收录于南宋宝庆《会稽续志》卷第六《诗文》中。

其三："雪洒清江江上船，一钱何得买江天。催短棹，去长川，鱼蟹来倾酒舍烟。"渔父悠然惬意的生活跃然纸上。

其四："青草开时已过船，锦鳞跃处浪痕圆。竹叶酒，柳花毡，有意沙鸥伴我眠。"饮了竹叶美酒，醉眠船中，沙鸥相伴，物我一体，忘我无忧。

其五："扁舟小缆荻花风，四合青山暮霭中。明细火，倚孤松，但愿樽中酒不空。"在如此美妙的夜晚，怎么还会嫌酒多了呢？

其六："侬家活计岂能名，万顷波心月影清。倾绿酒，糁藜羹，保任衣中一物灵。"夜半时分，赏江上明月，品杯中佳酿，颇有苏东坡在《赤壁赋》中所写的"浩浩乎如冯虚御风""飘飘乎如遗世独立"之感。

其十："远水无涯山有邻，相看岁晚更情亲。笛里月，酒中身，举头无我一般人。"岁晚时分，一人独酌，孤怅之情油然而生。

宋高宗的这五首词，淋漓尽致地写出了水乡美景、醉乡浓情，写出了渔父恬淡祥和、勤劳守拙、怡乐自然的生活气息，更写出了他自己日有所思、夜有所想的内心世界。

125

"唯陈绍兴酒为第一"。

清人所纂的《调鼎集》，是中国烹饪文化的珍本，其中有绍兴人童岳荐所撰的《酒谱》。《酒谱》完整地记载了绍兴酒的酿造技艺，突出地指明了鉴湖水于绍兴酒的独特作用。

他在另一篇《酒》中自豪地记述了绍兴酒的崇高地位——"求其味甘、色清、气香、力醇之上品，唯陈绍兴酒为第一"。

这就是说，从味甘、色清、气香、力醇四个方面来加以衡量，绍兴黄酒属于上品，而陈年绍兴黄酒则又无疑稳坐上品中的第一把交椅。

126

美食家袁枚笔下的绍兴酒。

袁枚是清代的著名雅士、风流才子，他的《随园食单》，是我国古代一部重要的饮食文化著作，至今仍具有重要的参考价值。

他在该书的《茶酒单·酒》中写道："今海内动行绍兴……大概酒似耆老宿儒，越陈越贵，以初开坛者为佳。"

"动行"即风行,"绍兴"即绍兴酒,寥寥四字,写清了绍兴酒在市场上的占有率与受追捧情况。

"耆老宿儒",则是将绍兴酒比成了老成博学的读书人,真是既生动形象,又十分贴切,这也正是绍兴酒越陈越贵的道理之所在。

"以初开坛者为佳",则是写出了酒性轻,故酒坛上部之酒为佳的科学道理。绍兴至今仍有要客、至亲到来时,喝开坛酒的习俗。民间流传的"酒头茶脚"谚语,讲的也正是这个道理。

127

绍兴黄酒,乃是酒中之王,所以也称王酒。

周清在《绍兴酒酿造法之研究》的"总论"中写道:"绍兴酒一名黄酒,亦名王酒……其酿造之精,效用之大,固可为百酒之王也。"

这里,周清从酿造之精、效用之大这两个方面,给出了绍兴黄酒为百酒之王的理由。

"文明各国,既竞出其新奇物品,以贡献异邦,则我国发明最早酿造最难效用最多之绍兴酒,安知不为欧美诸国之新饮料,而大加赏美也?"

这里,周清进一步从发明最早、酿造最难、效用最多这三个"最"的角度,给出了绍兴黄酒值得欧美诸国大加赏美的理由。其实,这三个"最",也是绍兴黄酒为世界百酒之王的理由。

128

绍兴酒的优点。

周清在《绍兴酒酿造法之研究》中指出，酒流行数千年而不废，"其对于人生日用，必有无穷之关系"，并进而从绍兴酒的成分入手，概述了"绍酒优美之点"。

一是酒精适度。较白酒度数低而免太过刺激，较啤酒度数高而免饮量过大。

二是香味浓郁。其"固有之芳香佳味，为人类所赏爱，是以绍酒愈陈，其香愈浓，善饮者，尝于个中得真味也"。

三是贮藏耐久。京市当中，"有阅数十年百余年之绍酒，质味愈觉佳美者"。

四是增进食欲。绍酒"性温辛，能行经补血，助药力上行，所含酸类，又可刺激味神经胃神经，以逞消化作用，是以民间习惯，每饭不忘。自古名医，藉杯中物以作调剂上之要品也"。

五是装置合宜。"绍酒所用瓦坛……皆陶土烧成，便于远运；其质亦历久愈佳"。

六是酬应咸宜。"酒为交际社会之流行品……以用绍酒者为最郑重……此绍酒之所以销行日广也"。

129

酒之"最"。

周清在《绍兴酒酿造法之研究》中，写到了他心目中的四个酒之"最"。

一是中国酒之最。中国之酒，发明最早、酿造最难、效用最多的是绍兴酒。

二是绍兴酒之最。绍兴之酒，唯山阴、会稽两县出产最多最优。

三是山阴、会稽酒之最。山阴、会稽两县中，尤以东浦、阮社为最多，而以东浦为最佳。

四是东浦酒之最。东浦之酒，以其"云集信记Ywen Ge shin kee wine company为最著"。

他还专门分析了东浦与云集信记成为黄酒之"最"的两个原因——地理、历史。"是盖于地理历史，均有关系焉。东浦地傍蠡城，稽山鉴水，灵秀独钟，此地之水质气候，有非他处所能幸获者：此地理上之独占优胜也。"

周清《绍兴酒酿造法之研究》

接着，又从本坊源流，写到云集信记的生产规模与精酿之法，指出了历史上之独占优胜之处。

130

清末民国时绍兴酒的坊单与商标。

清末民国时，绍兴酒多用坊单，置于坛口泥盖之内，以作防止假冒伪劣、表明酒坊信誉、说明酿制情况、祝福吉祥如意等用。

湖塘叶万源复生酒坊清光绪乙巳年（1905）的坊单，采用中、英文两种文字，写明"酿制绍酒，不敢粗滥"等内容。与此相应，其坛壁上盖有"复生牌号"，两旁注有"国府注册""瑞记督造"字样。

坊单的文字通常简明扼要，然也有较长的。如民国7年（1918）阮社章东明鸿记酒坊大花雕坛盖内的坊单，有400来字。其中特别指明本坊之酒，精益求精，"恐被仿冒不明，坛外特盖用月泉小印泥盖，内并封入此单，务请大雅君子购时认明"。

光绪三十年（1904），清政府制定了《商标注册试行章程》。其中规定，商标的种类为图形、文字、记号或三者俱备者。

绍兴酒业的商标，多为三者的兼而有之。东浦孝贞酒坊，用的是乾隆御赐的"金爵"商标。沈永和酒坊的注册商标，是"老寿星"头像，还配以"卫生善酿酒"字样。马山谦豫萃酒坊，以"梅鹤"为记，配以鹤之图案。

坊单与商标的使用，是绍兴酒取信市场、顺应时势的体现。

黄酒有意思

131

清代民国时，苏州的绍兴酒坊。

因为绍兴酒声名远播，清代民国时，苏州等地开始出现仿绍酒。

根据苏州糖烟酒行业志的记载，最早在苏州专售绍兴酒的，是清嘉庆年间，绍兴人王宗瑞开设的"王济美瑞记酒栈"。到清末，已有东、西、北三家分号。

最早在苏州开绍兴酒酿制坊的，是光绪三十年（1904），绍兴人金士洪在娄门外开设的"同兴昌"。民国2年（1913），其子金家学改名"金复兴"仿绍酒坊，旋又开办"金瑞兴"绍酒专售店。

《苏州市志·饮料酒制造业》中记载，民国19年（1930）10月，"金复兴""王济美"掌门人共同发起，成立了吴县绍酒业同业公会。苏产绍酒至此通行姑苏，进而成为上海黄酒市场的畅销货。苏州因此而成为绍兴本土外最大的绍酒产地，仿绍酒之名也因此而来。

132

海内外的仿绍酒。

仿绍酒大体上分为两种：一种是酿造工艺、酒的品种基本与绍兴酒相同，如我国上海、苏州、台湾以及日本等地的仿绍酒；一种是酿造方法最初脱胎于绍兴，但具体工艺与绍兴酒相异，如温州地区的黄酒。

这种模仿绍兴酒酿制酒的做法，说明了绍兴酒的声望和影响力，也反映了黄酒界相互学习、竞争发展的氛围。但最终都因酿制原料、空气环境不同，特别是用水不同，而酿不出地道、正宗的绍兴酒。

康明官在《黄酒生产问答》一书中写道，日本人曾于1981年从绍兴酒厂曲麦中分离出产醋酸和醋酸乙酯高的酵母，并在大量研究的基础上，酿制出了日本老酒即日本仿绍酒。日本东京农业大学的铃木昌治先生，曾将其成分与绍兴酒进行比较分析，发现差异之处还是不少。

由此亦可证明，绍兴酒乃天下黄酒之最高杰作。

133

日本清酒主要源于绍兴。

1994年，国际酒文化学术研讨会在杭州举行。会议盛况空前，不少国际酿酒界的专家学者到会，其中来自日本的有30多位。

会上，一位名叫花井四郎的日本专家，提交了一篇题为《日本清酒源于中国江南之我见》的论文，后来被收入《'94国际酒文化学术研讨会论文集》。

花井四郎先生在论文中多次将绍兴黄酒和日本清酒作比较，最后得出了"这两种酒属于同一种类型"的结论。

陈桥驿先生曾在20世纪80年代初应聘担任过日本三所大学的客座教授，这次研讨会时，与日本酿造专家野白喜久雄先生共同担任了会议的学术委员会主任，还被推为大会宣读论文的执行主席。他后来在《中国绍兴黄酒》的序中这样欣喜地写道："想不到我们在东瀛频频举杯的日本清酒和中国绍兴黄酒竟是同源兄弟。日本酿造专家的精湛论文，包括许多图表和气相色谱，科学而雄辩地论证了日本清酒源于中国江南，当然主要就是绍兴。"

日本清酒主要源于绍兴，证明了绍兴先民的伟大奉献和日本民族的勇于学习。

134

范烟桥歌咏绍兴酒。

范烟桥是中国近代知名作家，范仲淹从侄范纯懿之后，叶圣陶、顾颉刚、吴湖帆等社会名流的同学，上海滩金嗓子周璇演唱的《花好月圆》《夜上海》歌曲的填词人。

范烟桥虽是江苏吴江人，但很喜欢绍兴酒。民国24年（1935），他在《苏州画报》上发表《会稽三美》文章，将饮善酿、嚼鸡腰、游东湖，"叹为会稽三美"。

他在《会稽之夜》美文中，将善酿、花雕、竹叶青称为绍兴酒中之"三绝"，并对它们的特色作了点评：善酿为以酒做的酒；花雕最得中庸之道，醇厚如博雅君子，确有太和之味；竹叶青清淡中见本色。

他还诗咏绍兴酒："浅斟越酒尽三绝，善酿花雕竹叶青。已觉陶然添醉意，何堪灯下话飘零。"为绍兴酒做了极好的广告。

135

中国酒业掌门人论绍兴黄酒。

《绍兴晚报》报道，2020年9月15日，在"2020绍兴黄酒新品上市暨'越酒行天下'推进活动"上，中国酒业协会理事长宋书玉致辞指出，绍兴黄酒是世界第一古酒、人类谷物酿酒之始祖、世界上唯一自然酿造的发酵酒，是人类的伟大发明。黄酒是养生之酒、解暑之酒、强身之酒、抗疫之酒、治疾之酒、庆贺之酒、期许之酒，是有诗、有画、有故事的酒。

2020年11月7日上午，"2020中国国际黄酒产业博览会暨第26届绍兴黄酒节"开幕。宋书玉理事长在开幕式上致辞时说，黄酒是在全世界范围内第一个人类驾驭和利用酒曲的酒种，是人类精神文明和文化追求的典范。黄酒之美，美在智慧，美在温润，美在时尚。期待着绍兴成为世界黄酒产业的交流中心和文化圣地。

稽山称首，

鉴水越牛，

天时地利唯此有。

君亦喜，

吾亦欢，

情谊源远似水流，

中华国酿数黄酒。

少，

没兴头；

多，

不上头。

卷三

酒之功

中华国酿总缠绵，至臻国酿益缱绻。

酒从诞生的那天起，便为世人所刻骨铭心，爱不释手，难以忘怀。

之所以如此，是由酒为他物所不可替代的生活、康养、文化、经济等诸多方面的功用所决定的。

黄酒有意思

一、生活功用

136

酒乡人家（俞小兰绘）

酒是人类的日常生活用品。

酒因人类的生活需要而诞生，亦因人类的生活需要而长存。它从诞生的那天起，便为人类所赏爱，成了人类须臾不可或缺的日常生活用品。

酒一来到世上，便使得"天下后世循之而莫能废"。北宋《酒谱》作者窦苹此语，正是道出了古往今来，酒让世人爱不释手、虽屡禁亦不可绝的实态。

137

　　酒是亘古不变的古老传统。

　　遥想在那个连语言表达都非常单一、艰难的蒙昧社会，酒或许是最为原始的社交工具。

　　进入古代社会后，酒仍然是人们最为常见的人生日用、生活方式与社交途径。

　　即便到了近代乃至今天这个现代社会，在一切都日新月异的情况下，酒仍然是人们挥之不去的古老传统、愈演愈烈的时尚之风。

138

　　酒是芸芸众生的生活挚爱。

　　不管是帝王将相，还是英雄豪杰，不管是才子佳人，还是文人墨客，不管是富豪权贵，还是黎民百姓，酒都是必不可少的存在。

　　不论在喜怒哀乐之时，还是在悲欢离合之间，也不论在生老病死之际，还是在春夏秋冬之中，酒都是无时无刻不存在的必需品。

　　即便是滴酒不沾的人，还是会因为家人亲朋、社交关系，而与酒保持着千丝万缕的联系。

139

酒是不同人类的共同语言。

部落不同，民族不同，国家不同，文字不同，语言不通，但是没关系，通过酒，双方可以清楚地了解彼此所要表达的思想和情感。

酒的确给人类带来了无穷无尽的生活乐趣，美妙绝伦的欢悦温馨，妙不可言的交流途径。

《汉书·食货志下》云，"酒者，天之美禄""享祀祈福""嘉会之好""百礼之会，非酒不行"。其大意是，酒乃上天的美好赏赐，祭祀祖宗鬼神，祈求吉祥福运，举行宴会活动和各种礼节性活动，没有酒是万万不行的。

"盖其可爱，无贵贱贤不肖。华夏夷戎，共甘而乐之"。酒大概因为惹人喜爱，无论身份高低、才智贤愚、华夏还是夷狄，都认为其味甘美而喜乐享饮。

《汉书》与窦苹之言，真是一语道破了人们爱酒的天机。

140

宝物换酒情义重。

金龟换酒。贺知章与李白是相差40多岁的忘年交，相约酒肆对饮。不想出来匆忙，未带酒钱，于是贺知章便取下随身所佩之饰物金龟，交予酒家。两人开怀畅饮，一醉方休。李白在诗中多次写到"金龟换酒"的故事，亦足见他的感恩重情。

金貂换酒。阮籍的侄孙阮孚，常居会稽。《晋书·阮孚传》中称他"蓬发饮酒""终日酊纵"，有次"金貂换酒"，竟把身上的佩饰金貂也换酒喝了。

金鱼换酒。杜甫在《陪郑广文游何将军山林十首》诗中，有"银甲弹筝用，金鱼换酒来"句。金鱼，乃唐时高官之随身佩物。

貂裘换酒。秋瑾《对酒》诗中，有"不惜千金买宝刀，貂裘换酒也堪豪"句。这里的貂裘，指的是以貂皮制成的衣裘。

这些宝物换酒的故事，展现的是以酒会友、以酒交心、重情豁达、干脆豪爽的为人之道，这是酒文化史上最有代表性的风范。

欢饮美酒度佳节。酒不仅是人与人之间情义的象征，而且还是人们平时休闲、节日相会的必需物品。

141

明代龙山的元宵灯会。

张岱在《陶庵梦忆》中，记述了万历辛丑年（1601），他的父叔辈们举行龙山灯会的盛况。

"沿山袭谷，枝头树杪，无不灯者"；"山下望如星河倒注，浴浴熊熊"。

"好事者卖酒，缘山席地坐。山无不灯，灯无不席，席无不人，人无不歌唱鼓吹"；"每夜鼓吹笙簧，与宴歌弦管，沉沉昧旦"。

咸亨黄酒博物馆（绍兴咸亨黄酒博物馆提供）

"相传十五夜，灯残人静，当垆者正收盘核，有美妇六七人买酒，酒尽，有未开瓮者。买大罍一，可四斗许，出袖中瓜果，顷刻罄罍而去。疑是女人星，或曰酒星。"

这场通宵达旦、热闹非凡的灯会，其实更是一场妇孺共娱、神人欢饮的酒会。

142

明代戴山的中秋赏月雅集。

张岱在《陶庵梦忆》中，以亲身经历，记述了崇祯七年（1634）

闰中秋，他会集诸友于戢山亭赏月的雅事。

"每友携斗酒、五簋、十蔬果、红毡一床，席地鳞次坐。缘山七十余床……在席七百余人，能歌者百余人，同声唱，澄湖万顷，声如潮涌，山为雷动。诸酒徒轰饮，酒行如泉……演剧十余出，妙入情理，拥观者千人。"

这段文字，告诉了我们关于这次雅集活动的几个方面的信息：

时间：闰月中秋。

地点：戢山。

主题：赏月。

形式：AA制，自携用品，缘山席地。

内容：畅饮，放歌，演剧。

规模：友朋七十余床七百余人，能歌者百余人，拥观者千人。

特点：规模盛大，秩序良好，自娱自乐，自聚自散。越人之文明素养，社会之自治程度，可见一斑。

效果：兴高采烈，心旷神怡，乘兴而来，尽兴而归。

143

灯火家家扶醉人。

李慈铭的《越中灯词十首》，是一组七言绝句，以其独特的视角、深情的笔触和满腔的乡愁，写出了家乡充满生活气息的灯节——元宵景象。

组诗其四，是专门写陶堰灯市的。"陶堰年年灯市新，百家庙里共嬉春。春星渐乱歌尘歇，灯火家家扶醉人。"

寥寥数语，便把陶堰元宵灯节期间，歌舞与灯火交相辉映、人们无拘无束地嬉戏、尽情尽心地畅饮的情景，描绘得淋漓尽致。

144

十里酒香村店笛。

"清明忆，老屋傍霞川。十里酒香村店笛，半城花影估人船，水阁枕书眠。"这是李慈铭《霞川花隐词》中的《望江南·清明忆乡居风景杂成六解》。

霞川，是水名，又是作者老家的村名，浙东运河绍兴段与绍兴环城西河在此相交。

霞川之西，有宫后村、虹桥村，乃宋理宗旧居之地，酒业素来发达。再往西，为大树港、东浦，乃素为绍兴酒酿制中心。

霞川之南，为古鉴湖之组成部分青田湖（今称青甸湖），其水向为酿酒之佳水，湖畔酒家、酒坊、酒村相连成片，一派酒香缕缕、笛声袅袅、恬淡宁静的美好景象。

145

酒户茶檐处处连。

青田湖在李慈铭老家霞川的南侧，李慈铭对这里的情况十分了解，诗文中多有所涉。

　　他曾作《青田湖竞渡词十六首》，其八云："万人歌吹绿阴天，酒户茶槽处处连。谁坐水边凉阁子，画罗扇底看游船。"

　　端午期间，龙舟竞渡、万人相观，酒铺茶摊、处处相连，画罗扇底、凉阁游船，一派热闹非凡的节日气象。

　　酒为节日带来了喜庆的氛围，也给人们带来了身心的愉悦和身体的康养。

二、康养功用

146

黄酒是人类的独特康养用品。

如果说生活功用是天下酒类的共性的话，那么康养功用，则属于黄酒的独特功用。

黄酒对于康养的独特功用，体现在保健、养生、药用、美食等多个方面。

黄酒的这种功用，是由其独特的原料、独精的技艺以及由此而致的诸多有益康养的成分决定的。

147

黄酒能保健。

以作为一切生命之源的氨基酸为例，根据马忠主编的《中国绍兴美酒》中所引日本酿造协会新版《酿造成分一览》、日本佐藤信《美丽的设计图》、日本宝酒造株式会社等提供的数据，绍兴加饭酒含有21种氨基酸，其中定量16种、定性5种，每升总含量达

6770.9毫克，是日本清酒的1.6倍、啤酒的6.8倍、葡萄酒的4.3倍。

以食物为人体健康提供所必需的能量为例，根据轻工业出版社1982年出版的《酿造酒工艺学》提供的数据，每升绍兴酒中的浸出物和乙醇作用于人体所产生的热量，分别是啤酒的2.8—5.6倍、葡萄酒的1.2—2.3倍，其中绍兴善酿酒是日本清酒的1.7倍，加饭酒高于清酒101千焦。

以保障人体健康的消化、吸收为例，黄酒中的浸出物及含有的适量维生素、矿物质与有益的微量元素钼、锂等，均比其他酿制酒更容易被人体所消化、吸收。

148

匈奴人以酒驱寒。

汉司马迁在《史记·匈奴列传》中，记载了汉朝皇帝赠送酒给匈奴首领单于，以帮助其驱寒的故事。

"汉与匈奴邻国之敌，匈奴处北地，寒，杀气早降，故诏吏遗单于秫蘖金帛丝絮佗物岁有数。"

汉朝作为国礼赠予匈奴的秫蘖，很可能是匈奴人最早品尝到的中国酒，也证明了酒可驱寒的功用。

149

黄酒利养生。

黄酒有意思

[宋]窦苹《酒谱》中写道
"酒之言乳也，所以柔身扶老也"

传统中医认为，黄酒味苦、甘、辛、大热，有通经络、行血脉、健脾胃、益智力、养皮肤、散湿气、利小便等功效。

现代科研表明，适量、常饮黄酒，有助于血液循环、新陈代谢、补血养颜、活血舒筋，增益智力、强健体魄，愉悦心情、延年益寿等。

宋人窦苹在《酒谱》中转引了《春秋运斗枢》中的话，"酒之言乳也，所以柔身扶老也"。这就是说，所谓酒，好比是乳汁，是用来滋润身体、延缓衰老的。

由此看来，浙江向来人才辈出，绍兴成为举世闻名的名士之乡，当是与黄酒有着密不可分的关系。绍兴历史上名人辈出，正是一方风物滋养一方人士、一方佳酿滋养一方名人的极好证明。

150

"山阴甜酒"的"宽痛"与"率意"作用。

颜之推是南朝时著名的文学家、教育家，也是萧绎的好友兼幕僚。他在其不朽的《颜氏家训·勉学篇》中，专门写到了"山阴甜酒"与萧绎的勤学苦读。

"梁元帝尝为吾说:'昔在会稽,年始十二,便已好学。时又患疥,手不得拳,膝不得屈。闲斋张葛帏避蝇独坐,银瓯贮山阴甜酒,时复进之,以自宽痛。率意自读史书,一日二十卷……'"

这段文字,与梁元帝萧绎《金楼子·自序》中的相关内容基本一致,除了表明萧绎从小刻苦好学之外,还特别指明了"山阴甜酒"具有饮之"宽痛""率意"的作用,即宽解疥疮之痛痒、振作读书之精神的作用。

151

从壶酒奖励生育到甜酒冲蛋养生。

生育从来不是一个单纯的个人家庭问题,而是一个事关人类生息、民族存亡的国计民生问题。

越王句践为了复兴越国、增强战斗力、发展生产力,实行了奖励生育的政策。其中很重要的一条,《国语·越语上》中是这样记载的:"生丈夫,二壶酒,一犬;生女子,二壶酒,一豚。"

不管是生男孩还是女孩,都奖励二壶酒。这是因为,酒乃如乳养生,有助于产妇补气养血、补身催奶,尽快恢复体能,确保优生优育。

这一优良传统,在古越大地得到了很好的继承与发扬。今日绍兴等地,女性坐月子时,仍然保留着吃甜酒冲蛋的习俗。

152

酒与健康长寿。

《黄帝内经》是我国现存最早的医学文献典籍，它全面地阐述了中医学理论体系的基本内容，反映了中医学的理论原创和学术思想，是医学之祖。

《黄帝内经·素问》中，提出了通过包括饮酒在内的"食饮有节"，来"度百岁"的观点。也就是说，节制饮食，适量饮酒，人的寿命可以超百岁。

《诗经·豳风·七月》中，发出了"为此春酒，以介眉寿"的美好愿望。也就是说，酿制美酒的目的，是求得长寿。

陆游活了86岁，比那时的人均寿命多出了1.5倍，这是他注重修身养性、了解医学常识、讲究养生保健的结果。其中重要的一条，是爱喝家乡酒。他写了大量的酒诗，可见他对酒有多么的喜欢、多深的研究。

2023年底，绍兴市户籍人口中，有100岁以上寿星361人。他们的一个共性，是大多爱喝点绍兴黄酒，有的至今仍爱咪一口。大概是喝点小酒愉悦心情、增加营养、促进血液循环，才成就了他们的长寿吧。

153

黄酒多药用。

古人早就认识到了酒与医疗有着天然的联系，医字的繁体字，以"酉"字为底，可见医与酒的难舍难分。

黄酒可以做药引。它酒精度适中，既使药物易于溶解，又对饮者刺激不大，既可降低药物的毒性，又可放大药物的疗效，自古以来就是理想的天然药引子。

黄酒可以当药用。《汉书·食货志下》中说，"酒，百药之长"，可"扶衰养疾"。长沙马王堆出土的《五十二病方》中，以酒入药的方子有33个。唐代药学家苏敬主持编撰的世界上第一部由国家正式颁布的药典《唐本草》中认为，"诸酒醇醨不同，惟米酒入药用"。明人李时珍的《本草纲目》中还写道，酒可"开怫郁而消沉积，通膈噎而散痰饮，治泄疟而止冷痛"。

黄酒可以制药酒。黄酒经常用来浸泡各种中草药而成药酒，既可治病疗伤，又可防病健身。明代李时珍的《本草纲目》中，收录了200多种药酒。

154

《说文解字》中的"医"。

东汉许慎的《说文解字》，是一部中国东汉以前的汉字百科全书。

书中卷十五"酉"部，对"醫"即"医"的解释是这样的："醫，治病工也。殹，恶姿也；醫之性然。得酒而使，从酉。王育说。一曰，殹，病声。酒所以治病也。《周礼》有醫酒。"

其大意是：医，是治病的人。殹，是违背常人的姿态的意思；医生的性情就是这样。用酒作药物的辅助剂，所以从酉。这是王育的说法。另一义说，殹，是指病人的声音。酒，是用来治病的饮料。《周礼》中，就有名叫医的酒类饮料。

《说文解字》的这一解释，表明2000年前的古人，对酒的治病功用已经有了科学的认识。

155

商代已经喝药酒。

现代科学考古发掘表明，3000年前的商代人对酒与药的关系，已经有了较为科学的认识。

考古发掘中，被明确认定为作药用的植物标本多有发现，有些出土时就浸泡在酒器中。

河北藁城台西商代酿酒作坊出土的酿酒器具中，发现了许多蔷薇科桃属的核桃和去核的桃仁、樱属的郁李和欧李之仁，以及李实、枣、草木樨和大麻子等。这些果实和种子，多具有活血化瘀、健脾益血、清热解毒之功效。

在殷墟出土的青铜酒器中，发现了具有养胃健脾、补肾强筋功能的板栗叶片，以及具有清热解毒、祛风除湿功能的短梗南蛇藤等药用植物。

由这些药用植物及其果实、种子浸泡的酒，可谓是上好的药酒。

照此说来，泡药酒的传统，至少已经有了3000年的历史。

156

《周礼》中的"医"酒。

《周礼》，亦称《周官》《周官经》《周官礼》，是现存13部儒家经典之一，是我国第一部系统、完整叙述国家机构设置与职能分工的专著。

《周礼·天官冢宰·酒正》中写道："酒正掌酒之政令……辨四饮之物：一曰清，二曰医，三曰浆，四曰酏。"

其大意是：酒正是酒官之长，掌管有关酿酒的政令，辨别四种酒类饮料的味道：一是清酒——将仅酿一宿的醴齐酒滤去酒糟而成；二是医酒——稀粥中加酒曲而成；三是浆酒——用酒糟酿制的略酸的饮料；四是酏酒——也是用稀粥酿成的饮料。

由此可见，早在两三千年前，古人已经将酒与医联系在一起了。

157

《本草纲目》中用米酒制成的药酒。

明代李时珍的《本草纲目》，是一部医药学的集大成之作，也是一部具有世界影响的博物学著作，达尔文称其为"古代中国的百科全书"，李约瑟赞其曰"明代最伟大的科学成就""中国博物学中的无冕之王"。

《本草纲目》共分60个部类，在"谷"部中，专设"酒"一目。

李时珍以辩证的眼光看待酒与药的关系，他重申陶弘景《名医别录》中米酒可以"行药势，杀百邪恶毒气"的观点，认为不同的药酒有不同的功效，或"壮筋骨""健腰脚"，或"补虚弱""通血脉""止诸痛"，或"消愁遣兴""清心畅意"。

李时珍认为，大量的中草药如地黄、大豆、枸杞、通草等，"皆可和酿作酒，俱各有方"。

为此，他辑录了《齐民要术》《千金方》《圣惠方》等书中著名的配方药酒。如可以"开胃下食，暖水脏，温肠胃，消宿食，御风寒，杀一切蔬菜毒"，还可以"止呕哕，摩风瘙、腰膝疼痛"的"糟底酒"；"治小儿语迟"的"社坛余胙酒"；"常服令人肥白"的"春酒"；"和血养气，暖胃辟寒，发痰动火"的"老酒"等。

此外，李时珍又在"附诸酒药方"中，列出了69种以米酒酿造调制的药酒，如屠苏酒、五加皮酒、天门冬酒、地黄酒、当归酒、菖蒲酒、茯苓酒、菊花酒、枸杞酒、桑葚酒等等，并详释配方、酿制、用法、主治等。这些药酒大多配方科学、制作方便，至今仍有很高的保健和药用价值，为老百姓广泛接受。

158

童钰泡酒法。

童钰是清代会稽人，字二如、二树，号璞岩，工诗善梅。

袁枚在《随园食单》中写道，他曾看到童钰家以烧酒十斤浸泡药材，包括枸杞四两、苍术二两、巴戟天一两，以布扎坛口存放一个月，开坛后很香。

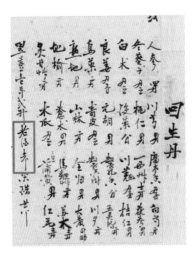

吴海明主编《震元良方》中的"回生丹"方子

黄酒有意思

159

震元堂的酒方。

吴海明主编、科学技术文献出版社2022年出版的《震元良方》，收录了震元堂于清乾隆十七年（1752）创设以来，270年间的270个经典方子。其中直接出现"酒"字的方子，占了十分之一；而如果加上带"醪""曲"之类文字的，则占了五分之一。

在这些带酒的方子中，有酒糊为丸的，有用酒蒸药、煎药、化药、泡药、吞药的，酒的用途十分丰富。其中的"九制豨莶丸"，要连续用酒蒸九次才成；又如"回生丹"，35味药中，一味为"老酒十六斤"。

这些带酒的方子，是以震元堂为代表的越医们百千年实践的科学结晶，是药食同源传统思想的继承创新、活学活用，是典型的就地取材、因病制宜，既证明了绍兴作为黄酒故乡的非同寻常，也证明了黄酒作为中华国酿的神奇妙用。

160

章东明酒坊产"同仁堂酒"。

绍兴黄酒具有食物的药疗作用，而章东明酒坊又声名远播京城，从而引起了同为老字号的北京同仁堂的关注。

于是，两家建立了制药用酒的直接供应合作关系。章东明酒坊为此特意酿制了一种称为"石八六桶"的酒，特别醇厚芳香，存放三年后专供同仁堂，因此又称其为"同仁堂酒"。同仁堂用名酒加工成名药，造福病患。

名药铺与名酒坊的合作，门当户对，交相辉映。这是中医中药发展史上的一段佳话，也是中国黄酒发展史上的一段佳话。

161

黄酒是修合丸散胶丹的辅助原料。

《黄酒酿造》是新中国成立后，有关黄酒的一部权威性专著。

该书在"概说"中写道："黄酒也是国药中修合丸散胶丹的辅助原料，如调制国药中的全鹿丸、虎潜丸、槟榔丸、如意丸、六神丸、人参再造丸、驴皮胶、龟板胶、虎骨胶以及各种药酒等。"

"此外中医处方中往往也有用其浸泡、炒煮、蒸炙各种国药的。"

162

黄酒助美食。

黄酒是十分理想的康养调味佐料，在去腥、去膻、增香、添味等方面，具有十分明显的作用。

烹饪时，放点黄酒，其中的酶和酸可以生成酯类，为菜肴增加芳香；其中的糖分，能增添菜肴的鲜味；其中的乙醇能除去海鲜、河鲜的腥味和各种肉类的膻味。

绍兴的红烧肉、葱煎鲫鱼与秀峰蹄髈,嵊州的崇仁炖鸭,杭州的东坡肉等,都是用黄酒烹调而成的美味佳肴、康养食品。

以黄酒作为佐料,是烹饪之首选。而由佐料来识黄酒,甚至将黄酒看成是单纯的佐料,则是对黄酒的莫大曲解。黄酒若会言语,必当大呼冤屈,因为料酒只是黄酒的基酒而已。

163

黄酒除腥的科学原理。

《黄酒酿造》中写道:"在日常生活中,黄酒也是人们烹调菜肴时所需的一种调味去腥的佳品。"

"因为它的酒精浓度低,香味浓,含脂量高,富有氨基酸,味道醇和,一般烹调菜肴时都用黄酒,不用白酒。"

"在煮鱼时加入黄酒,使酒精渗入鱼体组织与鱼类身体表面的粘液里含有的一种腥味物质'三甲氨'一起挥发,去除腥味。"

164

绍兴佳酿烹中华佳肴。

霉酱腌糟醉,是越菜的一大特色。在制作佳肴时用绍兴酒调味,是中国烹饪的行业规范《中国菜谱》,在1978年修编时就已经明确的。佳酿烹佳肴,具代表性的有五种。

酒蒸。适用于河鲜、海鲜的加工，如酒蒸鱼、虾、蟹等，特点是去腥、入味、鲜香。

酒煎。适用于畜禽、鱼虾、豆制品，如酒煎肉饼、生煎虾饼、香煎素火腿等，特点是鲜嫩活络、酒香浓郁。

酒焖。适用于水产、蔬菜，如酒焖海参、酒焖冬笋等，特点是汁浓味醇、酥嫩鲜香。

酒炖。适用于鱼翅、海参、鲍鱼、瑶柱等，如酒香鱼翅四宝等，特点是原汁原味、馥郁绵糯。

酒氽。适用于畜禽鱼肉、虾仁、虾、笋、蘑菇等，如酒氽虾、酒焯蛤蜊等，特点是清口滋润、清鲜滑嫩。

佳酿烹得佳肴，佳肴佐饮佳酿，实在是一件美美与共的大好事。

越地文化万年史，稻酒茶瓷源于此。最是越菜天下美，一方风物育名士。

酒暖家和（赵柠暄绘）

黄酒有意思

三、文化功用

165

黄酒有独特的文化方面的功用。

黄酒在漫长的发展岁月中，形成了独特的酿造技艺。这种技艺，本身就是十分珍贵的文化遗产。

黄酒在漫长的发展岁月中，积淀了深厚的文化底蕴，形成了独特的黄酒文化，成为中华优秀传统文化百花园中一朵独具特色的奇葩。

黄酒在漫长的发展岁月中，促进了地域文化的发展。其中蕴含的生态文化、创新文化、开放文化、名士文化，既是地域文化的精华所在，又是当今时代的宝贵财富。

黄酒在漫长的发展岁月中，促进了文学艺术的发展，成了文学艺术的重要催化剂。

166

黄酒创造了酿造文化。

绍兴黄酒的酿造技艺，堪称天下独绝。

这种酿造技艺，是在数百上千年的探索实践中积累起来的，是先辈留下来的宝贵财富，具有十分深厚的文化底蕴。

正因为如此，2006年，绍兴黄酒酿造技艺被列为第一批国家非物质文化遗产。

这种酿造文化，不仅贯穿于黄酒酿制的本身，还同样滋生和催育了酱油、米醋、酱制品等相关的酿造产业，使绍兴成了著名的酱油、米醋与酱制品的重要生产供应基地，并进而造就了这一地区独特的饮食文化。

167

黄酒酿成了黄酒文化。

绍兴黄酒的历史渊源、原料构成、酿造技艺、陈贮环境以及相关的各种器具、习俗、艺文等，涉及地理与物理、天文与人文、儒学与哲学、史学与化学、食品与营养等诸多学科的知识。

所以，绍兴黄酒称得上是中华优秀传统文化的重要组成部分，是一部名副其实的大百科全书。

168

黄酒促进了地域文化。

这里是越国古都、东方水城，是中华优秀传统文化的重要贡献地，国务院公布的第一批历史文化名城。

这里自古多名胜，"千岩竞秀，万壑争流，草木蒙笼其上，若云兴霞蔚"，是美丽的风景胜地。

这里古往今来多名人，而且是各个领域、各个方面的名人都多，被毛主席命名为"名士乡"。

在这样一方具有优越生态环境和优秀传统文化的土地上，酿出名酒，是自然而然、绝非偶然、纯属必然的事。

名城、名胜、名人与名酒交相辉映、相得益彰。酒以城而闻名遐迩，城因酒而风望倍增。酒以景而别具魅力，景因酒而锦上添花。酒以人而通行天下，人因酒而生意盎然。绍兴的地域文化，深深地留下了黄酒的烙印。

169

黄酒助推了文学艺术。

文艺与酒，似乎是一对孪生兄弟，相伴相随。

酒与文人墨客结下了不解之缘，给了他们以创作的激情、思想的火花与智慧的源泉，难怪古人又将酒雅称为"圣人""贤人""般若汤"。苏东坡更是以亲身经历与感受，将酒称之为"钓诗钩"。

古往今来，文人墨客雅好山泽嗜杯酒。他们借酒助兴，凭酒抒情，寄情翰墨，醉时写就千古文，醒来吐出胸中墨，为人类创作了弥足珍贵的文学艺术精品。

170

文艺创作与酒的科学关系。

文艺作品是感情的产物，酒对于激发这种感情具有媒介、发动与加油的作用。

酒对人的作用，包括生理与心理两个方面，且两者又紧密相关。现代心理学认为，心理是脑产生的，脑是心理的器官，而大脑是脑的高级部位。

酒是大脑高级神经活动的刺激物、兴奋剂，它使人的血液加快循环，大脑皮层活动迅速扩散，使整个人体振奋起来，各种细胞、各部位神经系统都活跃起来，于是便产生了与饮酒前完全不同的心理活动。

绍兴黄酒是低度酒，它对人的心理刺激是渐进式的、渗透式的，是从惠风和畅、春风化雨到渐入佳境的过程，从口感舒坦、内心柔和到通体温酥的过程。这种似醉非醉的过程，是人的心理活动最本真、最活跃的时候。

在人的心理活动诸要素中，重要的是意识活动。意识主要是显意识，但还有储量无比丰富的无意识、潜意识和新意识等。当这些储量在酒的刺激下被激活后，就会发挥无比的能量，产生无数的联想，创造性的思维活动由此而始，创造性的文艺作品由此而成。

南朝刘勰在《文心雕龙·神思》中写道："思接千载……视通万里；吟咏之间，吐纳珠玉之声；眉睫之前，卷舒风云之色。"唐张说《醉中作》中写道："醉后乐无极，弥胜未醉时。动容皆是舞，出语总成诗。"这便是由酒而致的灵感、思维与激情！

171

黄酒具有激发审美主体进行美的再创之功能。

绍兴文史专家吴国群教授在《中国绍兴酒文化》中写道："一般的酒，或因酒力单薄而只能使感官产生快感，或因酒力过猛，而动辄致醉使人麻木。"

"绍兴酒适中的酒精浓度，恰能使其激发思维的过程呈现出鲜明的阶段性：酒初的浅刺激，有感知致敏效应；酒中的中刺激，有联想激活效应；酒酣——似醉非醉的微醺阶段的深刺激，则有快感超越效应。"

黄酒的这种无可替代的激发效应，正是其为古往今来文人墨客所钟情的奥秘之所在。

172

《诗经》与酒。

中国有极为发达的诗歌传统，也有极为发达的以酒作为诗歌的重要题材的传统。《诗经》便是其中极为典型的代表。

《诗经》是我国最早的一部诗歌总集，是我国诗歌的生命起点，也为后来的涉酒诗作开了一个很好的头。

《诗经》收集和保存的305首古代诗歌中，有39首写到酒，累计出现了62次，占了诗歌总数的12.79％，其内容涉及礼仪、祭祀、社交、爱情、休闲等各个方面。

173

李白的诗才、性情与酒瘾。

李白的诗才，是毫无疑问的。他自信"天生我材必有用"，贵为朝廷重臣、文坛大家的贺知章也称他为"谪仙人"。

李白的性情也是十分鲜明，他率真豪爽、纵诞放旷、追求洒脱，这与贺知章的性情如出一辙。

李白的酒瘾很大，酒量很大，饮酒对

太白醉酒图（［清］苏六朋绘）

他才情发挥的促进作用也很大。他是酒仙，甚至还是醉圣。他的诗作中，出现"酒""酣""醉"等字的有420多处。

杜甫诗歌中，出现"酒"字的占了21％。他在《饮中八仙歌》中，称"李白一斗诗百篇，长安市上酒家眠。天子呼来不上船，自称臣是酒中仙。"

《开元天宝遗事》中写道："李白嗜酒，不拘小节，然沉酣中所撰文章，未尝错误，而与不醉之人相对议事，皆不出太白所见，时人号为醉圣。"

李白自己在《将进酒》中写道，"会须一饮三百杯"。

李白比贺知章小40多岁，政治地位也相去甚远，是典型的忘年交。他至少来过三次越州，都与贺知章有关。他们的友谊，不因辈分年龄而隔阂，也不因地位悬殊而疏远，而是以才情性情为基础前提，更是以酒所赋予的无穷乐趣为共同语言的。

174

醉吟先生。

白居易晚年退居东都洛阳时，写过《醉吟先生传》。

这位醉吟先生，禀性乃"嗜酒，耽琴，淫诗"，朋友多"酒徒、琴侣、诗客"，平时常"寻水望山，率情便去。抱琴引酌，兴尽而返"，醉吟时"吟罢自哂，揭瓮拨醅，又饮数杯，兀然而醉。既而醉复醒，醒复吟，吟复饮，饮复醉。醉吟相仍，若循环然"，最后是"陶陶然，昏昏然，不知老之将至"，结论是"得全于酒"，借古人所言，表达了沉醉于酒中而保全自身的避世无奈之情。

《醉吟先生传》是白居易晚年生活的自我写照，写出了悠闲自得的诗酒风度，更照出了失落苦闷的内心世界。

175

"酒仙"贺知章。

据《新唐书》载，贺知章是越州永兴（今杭州萧山）人，早年移居山阴，自武则天证圣元年（695）登进士第，累迁太常博士、太子宾客，终秘书监。他既是大唐重臣，又是大学问家、诗人、书法家，还是一位"酒仙"。

他善酒爱酒。《旧唐书》《新唐书》中，均有他嗜酒的记载。现存诗作中，有三分之一与酒相关联。"金龟换酒"的故事，更是展现他爱酒爱才的真挚情怀。杜甫在《饮中八仙歌》中，将贺知章列为第一——"知章骑马似乘船，眼花落井水底眠"，写出了他酒醉骑马、东摇西摆、落井不醒的可掬醉态。

他才华横溢。这种才华，很大程度上与酒有关，得益于酒的神助。《旧唐书》称其"醉后属词，动成卷轴，文不加点，咸有可观"。《新唐书》称其"每醉，辄属辞，笔不停书，咸有可观"。

他率真豪放。这种洒脱旷达、与人相善的本真性格，同样是与酒联系在一起的。《新唐书》称其"性旷夷，善谈说"，"晚节尤诞放，遨嬉里巷，自号'四明狂客'"。《旧唐书》称"知章性放旷，善谈笑，当时贤达皆倾慕之"，"善草隶书，好事者供其笺翰，每纸不过数十字，共传宝之"。

他热爱家乡。他以满腔热情和自身影响推介家乡的山水与人文，浙东唐诗之路的形成，自然离不开他的贡献。这是因为家乡的美酒，一直是他形影相随、挥之不去的伴侣。这也就难怪他离别家乡50年，老大回家而"乡音无改"。

176

陆游的诗酒人生。

陆游的一生，似乎是在饮酒中度过的，并由此而作了大量的酒诗。陆游的酒诗，或咏，或饮，或醉，或片言只语，或通篇是酒。酒与诗形影相随，成了他人生的真实写照。

他的酒诗中，标题直接出现"酒"字的有460多首，占了全部存诗的5％，如加上"醉"字的则更多。如《蜀酒歌》《对酒》《对酒叹》《江上对酒作》《我有美酒歌》，如《醉书》《醉题》《醉歌》《楼上醉书》《池上醉歌》《月下醉题》《醉中长歌》《醉中书怀》《醉中自赠》《西山醉归》《江楼吹笛饮酒大醉中作》等。

"平生嗜酒不为味，聊欲醉中遗万事。酒醒客散独凄然，枕上屡挥忧国泪。"

陆游的这首自我表白诗告诉人们，他的嗜酒，不是为了一饱口福，而是为了忘却无可奈何、无能为力的"万事"，更是因为报国无门、欲投无门而致的深深的"忧国"。

"百岁光阴半归酒，一生事业略存诗。"诗人晚年回顾自己坎坷的一生，饮酒吟诗，以诗言志，唯有酒与诗聊以自慰，酒更是成就了他不朽的诗作。

177

徐渭饮酒尽才。

明代的绍兴人徐渭，是位天才、奇才、全才。他的一生与酒，特别是家乡酒，有着密不可分的关系。

"公安派"领袖、湖北公安县的袁宏道在《徐文长传》中，称徐渭"放浪曲蘖，恣情山水"。

同乡陶望龄在《徐文长传》中，称"渭性通脱，多与群少年昵饮市肆"，"日闭门与狎者数人饮噱，而深恶诸富贵人"，"时携钱至酒肆，呼下隶与饮"。

徐渭在放浪曲蘖的过程中，其"狂生"的性格，得到了淋漓尽致的展现；其疾恶如仇、傲视权贵的个性，得到了赤裸无遗的呈现。是酒，使徐渭保持了他之所以成为徐渭的本色。

178

秋瑾以酒兴豪。

孙中山先生誉秋瑾为"巾帼英雄"。秋瑾喜欢酒，这是英雄之酒、女侠之酒，《对酒》七绝诗所表达的，正是秋瑾的革命豪情。

秋瑾常常以酒兴豪，把酒持剑，她的革命豪情，在她的豪饮中

黄酒有意思

可见一斑。《秋瑾集》中涉酒的诗与词超过30首，其英雄本色、英武风采尽现其中。

她壮怀激烈，"浊酒不销忧国泪""右手把剑左把酒"；她期盼自由，"痛饮黄龙自由酒""勉励自由一杯酒"；她姐妹情深，"把酒论文欢正好，同心况有同情""年年今日，围炉同把樽酒"。

179

鲁迅因酒宴而成的名诗佳句。

"横眉冷对千夫指，俯首甘为孺子牛"，是鲁迅先生《自嘲》诗中的佳句。而这首名诗，则是鲁迅在朋友的酒席上，无意间完成的，真可谓是无巧不成句、无酒不成诗。

鲁迅先生在1932年10月12日的日记中写道："午后为柳亚子书一条幅，云：'运交华盖欲何求……达夫赏饭，闲人打油，偷得半联，凑成一律以请'云云。"

原来，这首诗是10月5日那天，郁达夫夫妇招待其兄嫂，请鲁迅、柳亚子等作陪时，闲聊而成的。席间，鲁迅说到"横眉"一联，郁达夫打趣地说，鲁迅华盖运还没脱。鲁迅听后说，经你一说，我又得了半联，这便是此诗的"运交"首句。"偷得半联，凑成一律"，指的便是此事。

这酒宴，简直就是灵感的源泉、激情的动力、创作的天地之所在。

横眉冷對千夫指

俯首甘為孺子牛

鲁迅

鲁迅自书诗句

四、经济功用

180

黄酒有独特的经济方面的功用。

酿酒在起源的时候，作为部落和家庭的副业，依附于农业。

后来，随着生产力水平的提高，酿酒从农业中分离了出来，变成了手工业。

到了近现代，酿酒又成了工业经济的一部分。

酿酒业的发展，带动了上下游产业的发展和对外经贸往来，既增加了酿酒者的收入，又增加了国家的税收收入和外汇收入。

181

酒促进了经济发展。

黄酒不仅是黄酒产地的特色产业，而且在绍兴这样的地方，它还是重要的支柱产业。

在古代，黄酒是手工业的重要组成部分。在近现代，黄酒是工业的有机组成部分。

　　1988年，全国黄酒产量为86万吨，其中绍兴黄酒为77800吨，占了全国黄酒总产量的近十分之一。

　　2018年，绍兴全市黄酒工业产值46.95亿元，占了全市工业增加值的2.10%。

　　2022年，全国黄酒企业完成销售收入101亿元，其中浙江省65亿元、绍兴市46亿元，绍兴市分别占了全国的45.54%、全省的70.77%。

　　不仅如此，酿酒业上游连接粮食生产，下游连接酒店、商场、交通运输等商贸旅游服务业，对第一、第三产业的发展，有着重要的推动作用。

182

　　酒促进了百姓增收。

　　清光绪三十一年（1905），山阴、会稽两县有酒坊1250多家，按平均每家10人计算，则直接从业人员在12500人以上。民国绍兴酒业最高峰时，绍兴城乡以酒业为生者达10万人。

　　与此同时，酿酒对糯米、小麦等原料的需要，增加了农民的收入；对外运输、销售的需要，增加了以水运为生的"水客"等相关群体的收入。

183

酒促进了国家税收。

酒税自古以来，一直是政府的重要税源；明、清、民国时，更成为最重要的税源。这似乎形成了一条规律，凡是历史上社会比较动荡、粮食比较紧张的时候，也往往是酒税明显加重的时候，以此增加国家财政收入。

清光绪二十九年（1903），清政府的关税厘金总收入为5340万两白银，其中酒税约占了十分之一。次年，全国烟酒税收入为914.04万两，差不多占当年税收总额的三分之一，其中酒税占了一半多。

根据《东浦镇志》的记载，1993年，酒乡东浦的9家酒企上缴税收347.51万元，占了全镇工业税收的14.92％。

现在，黄酒业税收在国家税收中的占比虽有下降，但它仍然是国家税收的来源之一。

184

酒促进了外贸出口。

自明代开始，绍兴黄酒开始批量向海外销售。清五口通商后，绍兴酒大量销往海外。

根据《绍兴县志·历史名产》中的记载，民国18年（1929）

至民国22年，"是民国绍酒产销最旺期"，"由英国办理出口，数量占绍酒年产20％"；民国23年，"绍酒输出南洋群岛6000吨以上""输往日本者约1万余坛（合250吨）"。

根据《绍兴市志·工业·酿酒业》中的记载，1990年，绍兴全市年产黄酒126740吨，其中绍兴酒83670吨、普通黄酒43070吨。"绍兴酒外贸出口8569吨，外销量居全国各大名酒之首，为中国最大黄酒生产和出口基地"。直至今天，绍兴酒的出口仍然稳居全国黄酒出口的首位。

185

酒促进了文商旅融合。

黄酒既是物质产品，又有文化意蕴。绍兴黄酒既有雄厚的产业实力，又有深厚的文化积淀，更有丰厚的旅游元素。

黄酒与文商旅融合，可以催生新的业态，发展新质生产力，为商贸旅游服务业注入文化灵魂和内生动力，在更好满足消费者需求的同时，提升区域经济的整体实力。

不仅如此，黄酒与文商旅融合，还可以使黄酒在更好地了解市场、适应市场的基础上，进而引导市场、创新市场，在更好满足消费者需求的同时，实现自身的高质量发展。

五、综合功用

186

酒的功用的发挥，往往是综合性的。

陈桥驿先生在《中国绍兴黄酒》的序中写道："酒是一种饮料。从古到今，世界上任何一个地区，任何一种民族，都有饮酒的嗜好。""酒作为一种受人喜爱的饮料，它不仅予人舒坦，而且还在许多场合发挥了使人精神振奋、活力充沛的积极作用。"

酒在亲朋聚会中增添了情趣。如东晋陶渊明《游斜川》中的诗句："提壶接宾侣，引满更献酬。"

酒在迎来送往中提升了感情。如唐王维在《渭城曲》中所言："劝君更尽一杯酒，西出阳关无故人。"

酒为旅行者缓解了疲劳。如元萨都剌在《题范阳驿》中所言："长路风寒酒力醒，马头岁月短长亭。"

酒为文人墨客提供了创作灵感和激情。如宋向子谭《峡山飞来寺》中所言："惭无陶谢挥斤手，落笔纵横对酒杯。"

酒给山水自然增添了魅力。如唐杜牧在《江南春绝句》中所言："千里莺啼绿映红，水村山郭酒旗风。"

李白在《将进酒》中写的"五花马，千金裘，呼儿将出换美酒"，自然有夸张的一面。但"葡萄美酒夜光杯"，王翰《凉州词》中的诗句正是在告诉人们，酒这种特殊的饮料，的确具有独特的功能与无限的魅力，它是值得人们来夸张的。

187

酒税既是经济政策，又是政权支撑。

"财政"一词告诉人们，财是政之基，无财便无政。税是财之基，无税便无财。企是税之基，无企便无税。所以，于酒政而言，酒税是它的核心与灵魂之所在。历史上的重酒税，往往与战乱、缺粮、财力空虚等直接相关。

汉武帝天汉三年（前98），为应对连年对外用兵而致的财政紧张，朝廷首次对酒实施专卖。其子昭帝始元六年（前81），废止专卖，改为征收每升四文钱的酒税。

唐代"安史之乱"后，经济萧条，财力受损，社会动荡。朝廷为此而采取了一系列以增加酒税为目的的政策措施，包括榷酒、随用纳税、禁止私酤、酿户以月缴税等。这样的酒税制度，为朝廷积聚了大量财力，支撑其后维持了150年左右的统治时间。

酒的这种综合性功用，在2500年前的越王句践身上，得到了最为充分的发挥。

黄酒有意思

西瓜（圆圆——陈昊玥绘）

188

句践身上的酒功。

酒的功用，在越王句践的身上得到了淋漓尽致的发挥。

享乐酒。《国语·越语下》中记载，句践少时"出则禽荒，入则酒荒"。这是句践在反思自己，当年只图吃喝玩乐，才导致了为吴所败的"会稽之耻"。

道别酒。《吴越春秋·句践入臣外传》中记载，越王句践五年（前492）五月，句践夫妇由范蠡陪同入吴为奴，文种等大臣为他们送行。这送别之酒，使句践看到了自古祸福相倚的道理，也看到了群臣依依不舍的心理，更看到了凡事先抑后扬的哲理。

美词酒。《吴越春秋·句践入臣外传》中记载，句践在吴期间，于文台给吴王夫差"奉觞上千岁之寿"，祝他"永受万福"。这美词之酒，迎奉诡谲，喝得"吴王大悦"，换得平安返越。

进贡酒。《史记·越王句践世家》《越绝书·内经九术》中记载，句践对吴国君臣采取了包括酒在内的"厚吴""重财币"使其自腐的进贡策略。这进贡之酒，于越国而言，实在是一笔以小换大的大买卖，因为它使吴王沉湎于酒色，使吴臣消沉于佳酿，使越国成了赢家。

韬晦酒。《国语·越语下》中记载，句践回国后，采纳范蠡的建议，"驰骋弋猎，无至禽荒；宫中之乐，无至酒荒；肆与大夫觞饮，无忘国常"。表面上是吃喝玩乐，做给吴王看。实际上是心中有数，积极备战。这韬晦之酒，收敛雄心，隐匿光采，掩藏锋芒，尽显安逸，使敌人麻痹了警觉、放松了戒备，从而掌握了时机选择上的主动权。

誓师酒。《吕氏春秋·顺民》《水经注·浙江水》中记载，句践把酒醪投入江中，与军民同饮，誓师兴兵，北上灭吴。这便是今日尚存的绍兴古城投醪河的来历。这誓师之酒，壮大了越国军民的胆量，敲响了越军挥师的战鼓，吹启了越国灭吴称霸的序曲，写就了绍兴酒文化史上最为光辉壮丽的一页。

重才酒。《国语·越语上》中记载，句践对"四方之士来者，必庙礼之""饱其食""无不铺也，无不歠也"。这重才之酒，表达的是真诚真情，换来的是真心忠心。

奖励酒。《国语·越语上》中记载，"生丈夫""生女子"，均奖励"二壶酒"。这奖励之酒，实属用心良苦，难能可贵。它换来的是人口的迅速增长，从而为发展经济、灭吴称霸，提供了劳力与兵力的有力保障。

庆功酒。《吴越春秋·句践伐吴外传》中记载，句践灭吴称霸后，"置酒文台，群臣为乐"。但此时此刻，他怎么也高兴不起来，"默然无言""面无喜色"。这庆功之酒，自然庆的是灭吴称霸之功，但更喝出了句践对"会稽之耻"与入吴为奴的痛苦回忆，对"霸者之后，难以久立"的深深忧虑。由此看来，这庆功之酒，于句践而言，实在又是"忧色而悦"的清醒之酒。

189

奇妙典型的酒功。

在古今中外的军事行动中，酒往往具有特殊的作用。除了越王句践的投醪劳师故事外，见之于窦苹《酒谱》的"秦穆公伐晋，及河，将劳师，而醪惟一钟……乃投之于河，三军皆醉"的故事，亦很典型，酒在其中起到了赢得军心、激励士气的特殊作用。

秦穆公另有一个与酒相关的故事，说的是有次他走失了一匹马，为岐下野人所获而食，属下抓住了这些人，准备治罪。秦穆公却反对这样，还下令赐这些人酒喝。后来，秦晋交战，岐下三百野人为报秦穆公赐酒不罪之恩，助秦军决死冲锋，使秦军反败为胜。酒在其中起到了感情投资的工具作用。

《淮南子·缪称训》中写道："圣人之道，犹中衢而致尊邪。"其大意是，圣人治理天下，好比在路边施舍酒水，让百姓各得其所。这便是"衢尊"一词的由来，后来成为圣人施仁政、致太平的象征。

唐开元年间，官道左右有论钱贩卖的酒与免费供应的酒，以解行人疲劳。甚至还有像王元宝这样的乐善好施者，大雪天"立于坊前，迎宾就家，具酒暖寒"。这温暖人的，不仅仅是酒精，更是心灵。

190

酒的功用发挥，取决于社会文化。

陈桥驿先生在为《绍兴酒文化》一书所写的序中，对酒作用的发挥问题，有过精辟的论述。

"酒是世界上任何民族都饮用的嗜好品，但酒在社会文化上所发生的作用，就其主流而言，取决于社会的性质和社会文化发展的程度。"

"在一个具有优越的社会文化传统和文化发展程度较高的社会里，酒可以成为社会文化中的一个积极的组成部分，它和这个社会之间的关系是和谐而相得益彰的。它有助于促进社会的交流，充实人们生活和享受的内容，增加人们之间的谅解和友谊，使整个社会变得富于活力和感情，变得更丰富多彩，从而推动社会文化的发展。"

"在另外一种社会文化中，酒又可以成为一种粗暴、仇恨、淫泆、放荡、颓废的推动力，是犯罪的触媒，成为社会文化发展的一种消极因素。"

酒的功用的发挥，总体上取决于社会文化，但更直接地取决于这种社会文化下饮酒的一般原则、方式方法与分寸程度。这便涉及酒之饮的问题。

稽山妖娆，

鉴水浩渺，

酒乡处处酒香飘。

三樽少，

五樽少，

酒中情感有多少，

春夏秋冬自知道。

酒，

真美妙；

人，

又醉了。

卷四

酒之饮

　　酒，圣贤庶民皆钟情。但应饮而有度，饮而有方，饮而有法，恰到好处。唯有如此，方能使酒的正面功用得到充分的发挥。

　　黄酒的中和秉性与儒家的中和思想，有异曲同工之妙。中和，是品饮黄酒的最高准则；温克，是品饮黄酒的最高境界；慢咪，是品饮黄酒的最佳方法；微醺，是品饮黄酒的最佳状态。

一、中和准则

191

中和，是品饮黄酒的最高准则。

这是由黄酒本身的中和秉性所决定的。

细品酒中味（俞小兰绘）

黄酒的秉性是"中"。黄酒较之于他酒，有着无与伦比、无可替代的独特风格。葡萄酒酸涩，韧劲欠缺；啤酒单薄，厚重欠缺；白酒凶烈，柔和欠缺。唯黄酒韧劲适中，厚重适中，柔和适中。

黄酒的秉性是"和"。于色而言，它是黄色、橙色、赤色之和，令人心赏目悦；于香而言，它是醇香、曲香、陈香之和，令人心旷神怡；于味而言，它是酸甜、苦辛、鲜涩之和，令人心满意足。

黄酒的"中"与"和"，既是大自然的神奇造化，又是酿酒师的巧夺天工。秉性中和的绍兴黄酒，恰似春风化雨，润物无声，令人微醺而不致沉醉。

192

黄酒的中和秉性与儒家的中和思想异曲而同工。

中庸是儒家的政治、哲学思想，主张待人、处事不偏不倚，无过无不及。《论语·雍也》中说："中庸之为德也，其至矣乎。"

中和，是儒家中庸之道的主要思想。《中庸》当中是这样说的："喜怒哀乐之未发，谓之中；发而皆中节，谓之和。中也者，天下之大本也；和也者，天下之达道也。"致中和，则天地万物均能各得其所，达于和谐境界。

千百年来，黄酒的中和秉性生生不息，儒家的中和思想代代相传，正所谓志同道合，惺惺相惜，相映增辉，共同熔铸而成了中华优秀传统文化的精华。

193

"惟酒无量，不及乱"。

这是《论语·乡党》中的教导。宋代儒学的集大成者朱熹，于绍兴多有文化遗存。他在《四书章句集注》中，对《论语》里的这

黄酒有意思

句话是这样解释的："酒以为人合欢，故不为量，但以醉为节而不及乱耳。程子曰：'不及乱者，非惟不使乱志，虽血气亦不可使乱，但浃洽而已可也。'"

这里边，"以醉为节"，指的是有一点微醺的感觉时，就不可以喝了。因为这时既不乱血气，更不乱心志，正好处于合欢浃洽、其乐融融的中和状态。

北宋哲学家、诗人邵雍的《安乐窝中吟》诗之七，对这种饮酒的中和状态也有一番见解："美酒饮教微醉后，好花看到半开时。这般意思难名状，只恐人间都未知。"

这种"微醉""半开"的感觉之妙趣，便是"壶天"之妙、醉中之趣，便是难以言表的中和之妙趣。

照此说来，饮酒中和，这是黄酒中和秉性的客观要求，也是儒家中和思想的具体践行，更是品饮黄酒的最高准则。

二、温克境界

194

温克，是品饮黄酒的最高境界。

这是由中和的最高饮酒准则所决定的。

"人之齐圣，饮酒温克。"这是《诗经·小雅·小宛》中的佳句。王秀梅在中华书局2015年出版的全本全注全译《诗经》中，将其翻译为"假如你是聪明人，即使醉酒也温蕴"。

其实，这里的"齐圣"，可以理解为达到、接近圣人的意思；这里的"温"，是"蕴"的假借字，可以理解为蕴藉、含蓄的意思；这里的"克"，指的是自我克制。饮酒中和不及乱的关键，便在这个"克"字。

东汉经学大师郑玄在《毛诗传笺》中，将"饮酒温克"理解为"饮酒虽醉，犹能温藉自持以胜"。

饮酒既尽兴，又把握得恰到好处，自持在似醉非醉、温和含蓄的状态，差不多便是圣人饮酒的样子了。

传统的儒家文化认为，最伟大的人物是圣人，他们是那些道德最高尚、智慧最高超、行为最高洁的人，具有中庸之至德，拥有中和之思想。饮酒温克，便是见贤思齐，便是向圣人看齐。

照此说来，饮酒温克，既是饮酒中和不及乱的具体要求，也是饮酒中和不及乱的具体表现，更是品饮黄酒的最高境界。

绍兴黄酒（圆圆——陈旻玥绘）

195

郑玄饮酒温克。

马融是东汉名将马援的从孙，学识渊博，是中国古文经学成熟的标志性人物，唐代时配享孔庙。

郑玄曾在马融门下学习了七年，因为母亲年老而回家奉养。宋人窦苹在《酒谱》中写道，在为郑玄饯行的宴会上，"会三百余人皆离席奉觞。度玄所饮三百余杯，而温克之容，终日无怠"。

三百多人起身离席，上前敬酒，郑玄接连喝了三百多杯，而仍然保持蕴藉自持、尔雅有礼的样子，始终没有倦怠。

由此可见，郑玄不仅博于学，而且敏于行，可谓是知行合一、身体力行的典范，豪饮不醉、温克文雅的榜样。

196

窦苹主张饮酒温克。

窦苹的《酒谱》，分内篇与外篇两部分，每部分各为七个篇章。在内篇中，专设《温克》一个篇章，里边讲了14个故事，旗帜鲜明地表达了他饮酒不误事的温克主张。

其中写道，以断案清明而著称的两汉名臣于定国，"饮酒一石，治狱益精明"。

东晋大臣、官至扬州刺史的何充，"善饮而温克"。

南朝宋时吴兴太守沈文季，"饮酒五斗，妻王亦饮酒一斗，竟日对饮，视事不废"。

另在《诚失》篇中写道，陶渊明曾祖父"陶侃饮酒，必自制其量，性欢而量已满"。

197

温克是饮酒的分寸与礼数。

窦苹在《酒谱·内篇·温克》中写道："《礼》云：'君子之饮酒也，一爵而色温如也，二爵而言言斯，三爵而油油以退。'"

《礼记·玉藻》中的原话是这样的："君子之饮酒也，受一爵而色洒如也，二爵而言言斯，礼已三爵而油油以退。"

君子饮酒，饮一爵就脸色温和，饮二爵就开怀畅言，饮到第三爵，就姿态翩翩地退席。

《礼记·玉藻》中讲到的君子饮酒，既是个饮酒的分寸问题，也是个饮酒的礼数问题。饮到最后，仍能姿态翩翩地退席，便是温克，便是恰到好处的表现。

198

嵇绍主张量体节饮。

嵇绍是"竹林七贤"之一嵇康的儿子，他为人伟岸，《晋书·嵇绍传》中，称其"昂昂然如野鹤之在鸡群"。南朝宋刘义庆的《世说新语·容止》中也有同样的记述。这便是成语"鹤立鸡群"的出典。

嵇绍后来在平定叛乱时被害，"血溅御服"，《晋书》在列传中将其列为"忠义"之士，历代被誉为忠臣良士的榜样。

嵇绍承乃父之风，也爱酒，但所不同的是，他主张量体节饮。他在《赠石季伦》诗中，鲜明地表达了这一主张，在酒文化史上具有重要的价值。

与酒祸论者的绝对化不同，嵇绍认为"事故诚多端，未若酒之贼"，诸多事端的发生，酒并非唯一的、绝对的祸根。酒当然要饮，但应"诗书著明戒，量体节饮食"，要按照历来的经验教训，从实际出发，有所节制克制。这样的话，不但于健康无害，反而于身体有益，达到"彭聃寿"——彭祖、老子那样的高寿。

199

"酒徒"开始是一种美称。

唐人皇甫松在《醉乡日月·选徒》中，指出了酒徒的八项标准："大凡寡于言而敏于令者，酒徒也；怯猛饮而惜终欢者，酒徒也；不动摇而貌愈毅者，酒徒也；闻其令而不重问者，酒徒也；不停觞而言不杂乱者，酒徒也；改令及时而不涉重者，酒徒也；持屈爵而不分诉者，酒徒也；知内乐而恶外嚣者，酒徒也。"

结尾还特别强调，饮酒时，"选徒为根干"。这就是说，选择好饮酒的对象，是饮酒的关键问题，犹如树木的根与干那样重要。而既有好的酒量，又有好的酒风，还会好的酒令的酒徒，无疑是最为理想的对象。

这也就难怪连徐渭这样的天才、奇才、全才，都很想成为酒徒。他的《酒徒》一首，多少包含着自己的影子。

200

袁宏道谈"七宜"饮酒容态。

黄酒有意思

明代大文人袁宏道在《觞政·三之容》中，写到了饮酒时需注意的仪容态度的七个方面。

具体为"饮喜宜节，饮劳宜静，饮倦宜诙，饮礼法宜潇洒，饮乱宜绳约，饮新知宜闲雅真率，饮杂揉客宜逡巡却退"。

这"七宜"的大体意思是：高兴时饮酒应有节制，疲劳时饮酒要注意安静，倦怠时饮酒应诙谐幽默，涉及礼法时饮酒要潇洒自如，场面混乱时饮酒要自我约束，与新认识的朋友饮酒时要文雅真诚，碰到饮酒对象混杂的时候应有所顾虑而退出。

酒要喝得中和、温克，就需把握饮酒时的自我情绪、心理状态，了解饮酒的对象与环境。并不是什么酒都可以喝，也不是什么酒都可以一喝到底，更不是什么场合的酒都可以用同一种态度去对待。这400多年前的"七宜"饮酒之法，于今仍然适用。

201

七碗酒歌。

明代文士冯时化，好读书，性嗜酒，不喜交俗士，著有《酒史》，主要记载有关酒的诗文与故事。书中收录了李冠的《七碗酒歌》：

"一碗入灵府，浑如枯槁获甘雨。二碗和风生，辙鲋得水鳞鳍轻。三碗肝肠热，扫却阴山万斛雪。四碗新诗成，挥毫落纸天机鸣。五碗叱穷鬼，成我佳名令人毁。六碗头额偏，轰雷不觉声连天。七碗玉山倒，枕卧晴霞藉烟草。"

这《七碗酒歌》形象生动地写出了饮酒的七个境界，与唐卢全的《七碗茶歌》有不谋而合之妙，真所谓酒与茶不分家。

202

蔡元培逢敬必回。

蔡元培先生生活过得很清淡，但待人彬彬有礼，人情味很浓，表现在饮酒这种小节上，同样如此。

姜绍谟在《随侍蔡先生的经过及我对他的体认》中写道，"蔡先生待人接物都很谦和。饮宴之时，不论男女老幼敬他喝酒，他必举杯回敬"。

蔡先生逢敬必回，展现了一代大师的品德涵养和人格魅力。

203

秋瑾反对滥饮。

秋瑾嗜酒，但她反对狂饮滥饮。她在译著《看护学教程》中，专门讲到"病人之饮食"，认为"茶、酒、咖啡等取快乐用者，此等物随病症之利害而异，宜待医员之命始用，决不可滥与病者"。

茶、酒、咖啡等，于常人而言，能带来快乐，但对于病人而言，则应当根据不同的病情，在医生的指导下饮用，决不可滥饮。

黄酒有意思

204

鲁迅如何饮酒？

鲁迅先生喜爱喝酒。他的饮酒之法，值得借鉴。

一是讲究对象。周作人在《鲁迅的故家》中写道，"鲁迅酒量不大，可是喜欢喝几杯，特别有朋友对谈的时候，例如在乡下办师范学堂那时，与范爱农对酌"。"把酒论当世，先生小酒人"，便是鲁迅《哀范君三章》其三中的诗句。

二是注重环境。沈家骏、潘之良在《闲话鲁迅与泰甡酒店》中写道，鲁迅在绍兴府中学堂时，怕在校饮酒于学生影响不好，便常出边门经日晖弄，至上大路的泰甡酒店。这店不仅酒质好，鲜鱼、鲜虾、鱼干、酱鸭、糟鸡、豆腐干等佐酒菜也很配鲁迅的胃口，偶尔他还会吃点特别喜爱的火腿。1912年鲁迅去了北京后，还常常怀念这店的酒和菜，好友许寿裳便托人买来送去。

三是善于节制。许广平在《鲁迅先生的日常生活——起居习惯及饮食嗜好等》中写道，鲁迅饮酒"饮到差不多的时候，他自己就紧缩起来，无论如何劝进是无效的。但是在不高兴的时候，也会放任多饮些"。可见，鲁迅先生的自我约束意识与自我约束能力都是很强的。

205

平步青不主张"强酒"。

酒桌上常有强人劝酒的情况，这是一种不文明的习俗。对此，平步青在《霞外捃屑·玉雨淙释谚》中写道，"越俗以不能饮而豪饮者，曰强酒"。这大抵与强人所难如出一辙。

本不善饮，因面子关系而勉强饮之，或因他人强劝而勉强饮之，则必醉，醉则必伤身体。所以，强酒是不能提倡的。

平步青由对强酒的理解进而认为，"强"的读法，应是上声，而越人读为去声是不对的。

三、慢咪方法

206

慢咪，是品饮黄酒的最佳方法。

黄酒历来是慢慢咪的。这种咪的品饮之法，是中和的准则与温克的境界所要求的。

蕉林酌酒图（［明］陈洪绶绘）

绍兴黄酒历经四个季节、数十道工艺酿制而成，酿成后又需有若干年的醇化时间，足见其速度之慢。与此相应，其饮亦应突出一个"慢"字，慢慢地咪。一个"酿"字与"咪"字，道尽了绍兴黄酒的无穷妙趣。

一是"咪"这种饮法，属于浅酌缓尝，有助于全身心的放松，得到精神上的享受。

二是"咪"这种饮法，属于细抿慢咽，有助于身体健康，使酒成为人体吸收的重要成分，参与人体的新陈代谢。

三是"咪"这种饮法，属于心静如水，有助于从容自在、气定神闲的日常养成，成为修身养性的良好途径。

207

黄酒最好温着咪。

黄酒是粮食酒，最好是温着咪。越谚中讲道："热酒伤肝，冷酒伤肺，没酒伤心。"没有酒喝当然不行，但有酒了也要看怎么个喝法。最好的喝法，便是温着喝。

因为从保健康养的角度讲，太热了易伤肝，而太冷了则易伤肺。

从味觉口感角度讲，太烫了损味走性，喝着没味；太冷了，则香味不溢，酒性未现。

特别是在寒冷的冬天，隔水加温，细品慢酌，既可使酒香气扑鼻，又可使酒可口宜人，还可使酒暖人心肠。

温，就是中和，不热不冷，恰到好处。于健康而言，胃肠舒坦，易于消化吸收；于口感而言，食欲大增，令人神清气爽。这是千百年喝酒经验的总结，也是绍兴人生活品质的体现。

208

酒温饮，是传统。

"绿蚁新醅酒，红泥小火炉。晚来天欲雪，能饮一杯无？"这是唐代诗人白居易的名作《问刘十九》。美酒新酿，火炉加温，雪夜邀饮的温馨气氛跃然纸上。

其实，温酒的习俗早在商代便已盛行。2013年第7期《文明》杂志上，有岳洪彬的《酒尊斑剥探殷商》文，其中写道：妇好墓出土的163件酒器中，温酒器有58件，占35.58％；安阳郭家庄160号墓出土酒器31件，温酒器有14件，占45.16％；安阳花园庄54号墓出土酒器27件，温酒器有10件，占37.03％。可见温酒器在青铜酒器中的比例，基本上在三分之一以上。

元人贾铭认为，"凡饮酒宜温，不宜热"，温酒不伤脾胃，还能起到一定的保健作用。看来，3000年前的商人，已经明白了这个道理。

209

爨筒温酒。

黄酒最好温着喝，温酒器具有讲究。绍兴传统的温酒器具中，最具有代表性的，便是爨筒。

爨筒用马口铁做成，上大下小，呈倒"凸"字形。将酒从坛中倒入筒中，将筒放入贮80℃左右热水的爨炉中，待筒口慢慢冒出微微热气，即可取出饮用。

爨筒温酒，最为恰当，温度恰当，氛围恰当。一筒一筒慢慢地温，一碗一碗慢慢地咪。这温的是对美好生活的享受与向往，咪的是受传统文化的熏陶与沐浴。

210

热水温酒。

清人梁章钜在《浪迹续谈·绍兴酒》中，专门写到了温酒之法。

一是以温呷为益。特别主张黄酒须温饮，以无损脾胃，"至北人多冷呷，据云可得酒之真味，则于脾家愈有碍"。

二是以水温为上。特别强调用热水来温，而不是直接用壶来煮，"凡煮酒之法，必用热水温之"。

三是以初温为美。特别强调不能重复温，"凡酒以初温为美，重温则味减"。

四是以慢温为宜。特别强调温酒不能急，"若急切供客，隔火温之，其味虽胜，而其性较热，于口体非宜"。

越窑青瓷温酒壶（越青堂提供）

211

隔水炖酒。

袁枚在《随园食单》中，专门写到了酒的"炖法"。这"炖法"讲的便是温酒之法。

"炖法不及则凉，太过则老，近火则变味，须隔水炖，而谨塞其出气处才佳。"这炖法的核心思想，即是中和。它告诉饮酒者：

第一，饮酒需先温。

第二，温度要适度。温度太低，则凉；温度太高，则老。

第三，必须隔水来温，并且要把盖子盖严实，不让酒气挥发掉。如果直接用火温酒，酒就会变味。

由此看来，由温酒而始的咪酒，的确是一件温文尔雅的事情。

212

荷珠煮酒。

明绍兴乡贤张岱在《品山堂鱼宕》中写道，品山堂有口三亩大的池塘，"莲花起岸，莲房以百以千，鲜磊可喜。新雨过，收叶上荷珠煮酒，香扑烈"。

新雨过后，数百上千的荷花，一如出水的少女，亭亭玉立，显得别样的鲜艳娇红。洗去了尘埃的片片荷叶，随着和风，在翩翩起舞。叶上的水珠，晶莹剔透，在和着荷叶飘荡，其体时大时小，其形应有尽有，煞是迷人。

身处此时此刻，面对此情此景，收取荷珠煮酒，但觉清香扑烈，真所谓"心旷神怡，宠辱偕忘，把酒临风，其喜洋洋者矣"。

213

头脑酒风俗。

明人朱国祯在《涌幢小品》卷十七中写道，冬天来客时，必注热酒递客，名为"头脑酒"，大概是为了帮客人消避风寒。

这一风俗，源远流长。以前自立冬至立春，帝王为示体恤人情，常常赐殿前将军与甲士头脑酒。后来，这一做法也流传到了民间。

绍兴的酒俗也是如此，冬天将酒温热，以御风寒，于己于客皆是如此。下水作业时，通常的做法，也是先喝点温热之酒。

214

黄酒的冰饮与常温饮。

黄酒除了传统的温饮之法以外，也还可冰着饮、常温饮。

在炎热的夏天，如将黄酒冰镇后饮用，或者在杯内放点小冰块饮用，便会顿觉清爽可口，减轻夏日的燥热，感受别致的风味，体验别样的情趣。

在春风和畅和金风送爽的季节，喝点常温的黄酒，是最为理想的，因为这样最能品得美酒佳酿的原真之味。

215

古人也爱饮冰酒。

萝卜青菜，各有所爱。3000年前的商人，在喜饮温酒的同时，也有喜饮冰酒的。

在江西新干大洋洲商墓中，出土了一件青铜卣，器腹中部留有一个"十"字空腔。考古专家与相关专家认为，这个装置是用来调节酒温的，既可用炭火或热水温酒，也可用冰水降酒温。其设计之巧妙，令人叫绝。

冰酒当为夏季消暑而饮。《夏小正》所载多为夏代之事，其中写道，"三月：参则伏……颁冰也者，分冰以授大夫也"。成书稍后的《诗经》《周礼》，也分别有"凌阴"——藏冰之处、"凌人"——主管藏冰之官等记载。《越绝书》中，多处出现了"句践冰室""阖庐冰室"的记载。屈原在《楚辞·招魂》中写道，"挫糟冻饮，酎清凉些"，赞美冰镇过的米酒既醇香又清凉。

《唐摭言》中记载，"蒯人为商，而卖冰于市"，表明唐代已经出现了卖冰的商人。《梦粱录》等典籍中记载，南宋临安街头有"雪泡梅花酒""雪泡豆儿水"等冷饮酒水。

四、微醺状态

216

微醺，是品饮黄酒的最佳状态。

黄酒在慢咪的过程中，是讲究浅斟低酌的。浅斟低酌，是进入微醺状态的最佳途径。这斟酌的对象、时间、器具、佐肴、地方等，都有一番讲究。

原籍绍兴的散文大家朱自清，在其经典散文《怀魏握青君》中写道："说到酒，莲花白太腻，白干太烈；一是北方的佳人，一是关西的大汉，都不宜于浅斟低酌。"为此，他与几个熟朋友相约在"以绍酒著名"的雪香斋相聚，因为"只有黄酒，如温旧书，如对故友，真是醇醇有味"。

浅斟低酌，与慢咪细抿相呼应，与豪饮快干相对立，体现的同样是中和、

饮酒读骚图（〔明〕陈洪绶绘）

温克的思想，而达到的则是微醺这种品饮黄酒的最佳状态。

217

独酌。

独酌，是一种饮酒自觉，人生境界。

杜甫"步履深林晚，开樽独酌迟"。散步归来，独酌开始，何等自在。

白居易"独酌复独咏，不觉月平西"。又饮又唱，通宵达旦，何等潇洒。

杜牧"独酌芳春酒，登楼已半醺"。酒不醉人，人却已醉，何等陶然。

卢照邻"无人且无事，独酌还独眠"。无所事事，独酌独眠，何等闲适。

苏东坡"对一张琴，一壶酒，一溪云"。自弹自饮，独享溪云，何等雅逸。

南唐后主李煜在《渔父·浪花有意千里雪》中写道："一壶酒，一竿身，快活如侬有几人？"渔父独酌，钓竿相陪，何等快活。虽然贵为帝王，却也羡慕无比。

218

对酌。

对酌，是意气相投，同声相应。

父子对酌，促膝相语，工作生活，无所不谈。

夫妻对酌，有乐同享，有难同当，无拘形式。

兄弟对酌，如切如磋，如琢如磨，无分伯仲。

朋友对酌，淋漓尽致，一醉方休，无分你我。

情侣对酌，卿卿我我，缠缠绵绵，无分时辰。

闺蜜对酌，美人之美，美己之美，无穷话语。

219

小酌。

小酌，是怡情养性，增进感情。

时间上，想到了，就安排。有冲突，没关系，下次再约。迟到点，没关系，到了罚杯。

对象上，想到了，就邀请。三五亲友，围成一桌。虽然是相见亦无事，但却是心中常忆君。

话题上，宽泛随意，上至天文，下至地理，工作生活，读书学习，心事牢骚，趣事逸闻，畅所欲言，直抒胸臆。

菜肴上，炒的酱的，蒸的煮的，清清淡淡，简简单单，不讲排场，不见浪费。

酒量上，不劝不强，因人而异，能喝则喝，能多则多，微醺即止，恰到好处。

黄酒有意思

酒器（绍兴咸亨黄酒博物馆提供）

220

夜酌。

明人朱国祯在《涌幢小品》中写道，"世家子弟，向号醇谨有法度者，多事豪饮，以夜为昼"。

明人王士性在《广志绎》卷四《江南诸省》中写道，浙江杭州、绍兴一带的百姓，"勤劬自食"，即便是轿夫仆隶，一天忙碌下来，也是"夜则归市肴酒，夫妇团醉而后已"。

由此可见，明代浙江城市的夜生活已极显繁盛，如同白昼，不管是世家子弟，还是文人墨客，也不管是醇谨官宦，还是黎民百姓，都已习惯夜间饮酒消费，这是城市繁盛的重要标志。

221

青瓷饮酒器。

一个地方的风物，常常会有极强的关联性，绍兴的佳酿、佳茗、佳肴、佳瓷便是如此。

绍兴是人类青瓷的娘家。唐代"茶圣"陆羽在《茶经》中写道，"碗，越州上"。作为茶具的碗如此，作为酒具的碗同样如此。

真是近水楼台先得月，绍兴城乡的饮酒器具，多为本地生产的越窑青瓷。一般的小酒店和家庭，饮黄酒多用蓝边、彩边碗，口大底浅，饮用方便。

一些上档次的酒店、条件稍好点的家庭，多用青瓷酒盅酒杯，瓷质细腻，滋润如玉，在温馨谐和的氛围中，慢慢地咪陈年黄酒，尽情地享传统文化。

222

绍兴风味的过酒配。

绍兴人对菜肴的分类甚为精细。用于下饭的菜，叫"和饭"，也写作"下饭"；适于下酒的菜，叫"过酒配"，也写作"过酒胚"。

绍兴酒与绍兴菜，是门当户对，佳绝之配。传统的绍兴风味过酒配，具有耐味、鲜洁、细腻的特征，品种丰富多彩，令人难以忘怀。

果蔬类，如咸煮花生，边动手，边动口，趣味盎然；盐炒花生，咸中带甜，清脆可口；茴香豆、豆腐干，既韧又香。

腌制类，如青鱼干，手尚在撕，口已生津。

酱制类，如酱鸭、酱肉，色泽可人，清香入味。

油炸类，如酥鱼，酥、鲜、香。又如油焯臭豆腐，一瞧色泽黄亮，令人为之动容；一闻浓香扑鼻，令人馋不自主；一尝欲罢不能，令人口舌生津。

水产类，如盐水虾、酱油蒸河虾、酱油蘸清蒸鲫鱼、清蒸黄鳝、清蒸甲鱼等。特别是用清水焯或油炒的剁螺蛳，独具魅力。

畜禽类，如酱油蘸饭焙肉、酱油蘸白斩鸡等，都是美味佳肴。

223

周作人笔下的家乡过酒配。

周作人是鲁迅之弟，他在《鲁迅的故家》中，专门写到了当时里弄酒店的过酒配。

"下酒的东西，顶普通的是鸡肫豆与茴香豆"。

"鸡肫豆乃是用白豆盐煮漉干，软硬得中，自有风味，以细草纸包作粽子样，一文一包，内有豆可二三十粒"；"嚼着有点软带硬，仿佛像鸡肫似的吧"。

"茴香豆是用蚕豆，即乡下所谓罗汉豆所制，只是干煮加香料，大茴香或是桂皮，也是一文起码"；"一文一把抓，伙计也很有经验，一手抓去数量都差不多，也就摆作一碟"。

"此外现成的炒洋花生、豆腐干、盐豆豉等大略具备"。

酿（绍兴咸亨黄酒博物馆提供）

224

　　绍兴史上多酒家。

　　绍兴历史上的酒家，早在汉代便已出现。那时驿道上十里建一亭，亭内有酒垆，供行人饮用。

　　六朝时，会稽酒家勃兴。至宋时，与酒业的兴旺相适应，酒肆众多，水村山郭，酒旗飘扬。连平水这样的山区亦有酒肆，一派醉乡的景象。至于城里，更如陆游所言，"城中酒垆千百所"。

　　元明清时，徐渭称家乡"春来无处不酒家"；袁宏道初至绍兴，便见"家家开酒店"；李慈铭笔下的鉴湖之畔，"酒户茶樯处处连"。

　　《绍兴县志》中记载，清末民国初，东浦镇上有店铺200余家，其中酒店50多家；民国25年（1936），绍兴城区有各类商号4887

家，其中酒店353家，沈家和、张清和、杏花村、王顺兴、傅有记、三泰、豫泰、福禄等，都是浅斟低酌、温饮慢咪的好酒店。

225

鲁镇酒店的格局。

鲁迅先生在《孔乙己》中，对家乡绍兴酒店内的格局与陈设，作有生动的描述：

"鲁镇的酒店的格局，是和别处不同的：都是当街一个曲尺形的大柜台，柜里面预备着热水，可以随时温酒。做工的人……靠柜外站着，热热的喝了休息……这些顾客，多是短衣帮……只有穿长衫的，才踱进店面隔壁的房子里，要酒要菜，慢慢地坐喝。"

这是大先生笔下对绍兴酒店格局最为经典和精准的刻画。

226

近代绍兴的酒店。

周作人在《鲁迅的故家》中，对家乡绍兴淳朴的酒店，作过这样的描述：

"无论咸亨也罢，德兴也罢，反正酒店的设备都是差不多的。"

"一间门面，门口曲尺形的柜台，靠墙一带放些中型酒瓶，上贴玫瑰烧、五加皮等字，蓝布包砂土为盖。直柜台下置酒坛……横柜台临街，上设半截栅栏，陈列各种下酒物。"

"店的后半就是雅座，摆上几个狭板桌条凳，可以坐上八九十来个人，就算是很宽大的了。"

现在绍兴的酒店，早已发生了翻天覆地的变化，再也见不到当年酒店的影子了。

227

咸亨酒店。

咸亨酒店在绍兴城都昌坊东口，是鲁迅先生的族叔周仲翔于清光绪二十年（1894）创设的。

酒店的陈设、酒菜和顾客的喝酒情景，给少年鲁迅留下了深刻印象，并最终成就了《孔乙己》这篇伟大的小说，酒店也因此而名扬天下。

"咸亨"一词，源于《周易》。这是一个寓意极佳的词，表示大家亨通、顺利、发达，唐高宗李治曾以此作为年号，时在公

咸亨酒店（俞小兰绘）

黄酒有意思

元670—674年。

得益于鲁迅笔下咸亨酒店的影响和酒店名字本身的祥瑞寓意，1981年，咸亨酒店在鲁迅100周年诞辰之际，于都昌坊西口，以粉墙黛瓦之建筑风格，一仍其旧之用具陈设，重新开业。

而今，咸亨酒店已经成为全国顶尖的鲁迅文化主题酒店。

228

消闲小食甜酒酿。

在酒乡绍兴，有一种按照酿酒的简易原理制作而成的消闲小食——甜酒酿。

甜酒酿的制作工艺大体是：浸透糯米—蒸软熟透—冷却至30℃左右—均匀拌入酒曲—放入陶缸、小钵头等容器—压实压平，中间留小洞以利空气交换—保持30℃左右温度发酵一两天。

甜酒酿酿成的标准，大体有三。一是察酒汁——小洞内的酒汁与米饭平齐；二是观颜色——清澄、玉色；三是闻味道——酒香、甘甜、净爽。

甜酒酿的特点，大体上也有三个。一是似酒非酒。闻酒香而不醉，品甘甜而不腻。二是用途丰富。既可以直接当点心吃，也可以以此作为原料，加工成酒酿圆子羹、酒酿冲蛋、酒酿酸奶等美食。三是适合家庭制作。绍兴广大的农村家庭，至今仍然保持着这一传统。城市里这些年也重新流行了起来，以至于出现了人间有味是清欢、夏日消暑甜酒酿的美谈。

五、饮酒百态

229

千奇百怪的饮酒状态。

久远的饮酒历史，无数的饮酒对象，使得古往今来的饮酒状态，也呈现出了五花八门、多种多样的特征。

饮酒百态中，有一杯佳酿，温情脉脉，畅享人生乐事的；有借酒神助，挥洒翰墨，成就千古名作的；有以酒抒情，寄托志向，壮怀激烈的。

饮酒百态中，也有宁可醉己，不可醉友，义薄云天的；有酒逢知己，千杯不多，一醉方休的；有以酒消愁，排解郁闷，以浇块垒的。

饮酒百态中，还有纸醉金迷，朝歌夜弦，碌碌无为的；有麻木神经，遗忘世事，醉生梦死的；更有既要江山，又要美酒，花天酒地，终失天下的。

如此等等，举不胜举，真是洋洋洒洒，不一而足。

230

商人爱酒。

商汤立国，武王灭商，前后500余年。这是一个空前绝后的好酒朝代，考古发掘和文献记载都有很好的证实。

自1928年殷墟科学发掘以来，出土的青铜礼容器近3000件，其中的酒器在2000件以上。如加上流失海外的，两者数量当为更大。

著名的商王妃妇好墓，出土青铜礼容器210件，其中酒器163件，占77.62％；安阳郭家庄160号墓，出土礼容器41件，其中酒器31件，占75.61％；安阳花园庄54号墓，出土礼容器40件，其中酒器27件，占67.50％；安阳大司空663号墓，出土礼容器9件，其中酒器6件，占66.67％。就连普通武士或平民的墓葬，通常也有一觚一爵出土。

一觚一爵，一斝一饮，是商代最常见的酒器套装组合。套数越多，地位越高。妇好墓出土50件觚、43件爵，是目前所见随葬的觚爵套数最多的商代墓葬。

商代的酒器，大体上分为盛、斝、饮、挹四类。盛酒器有尊、卣、罍、瓿、方彝、壶、斝、缶，斝酒器有斛、觯、盉、觚，饮酒器有爵、角，挹酒器有斗、勺。其中的斝、盉等，也有温酒的功能。目前所见商代最大的酒器，是出土于妇好墓的偶方彝，通长88.2厘米，高60厘米，精美至绝。

商代酒业之技、之量、之器、之文，为前代所不及，启后世之先河，可谓功莫大焉！然嗜酒无度，终至亡国，又可谓悲莫大焉！

231

生当作酒鬼，死亦为酒壶。

裴松之注《三国志·吴书》中，记载了一位叫郑泉的吴国大臣极端嗜酒的故事。

郑泉很想将美酒装满五百斛的一艘船，想喝的时候随时可以喝，喝了后又马上加满。

临终前，郑泉与志趣相投的朋友说，一定要把他葬在制陶人家的旁边，这样尸骸化为泥土，便可被挖去做酒壶了。这样的话，"实获我心矣"。

如此真切的爱酒遗言，真是令天下所有的嗜酒如命者黯然失色。

232

"以茶代酒"的出典。

三国吴主孙皓嗜酒如命，要大臣喝酒也极为苛严，而对侍中、左国史韦曜则是格外开恩。

《三国志·吴书·韦曜传》中记载："皓每飨宴，无不竟日，坐席无能否，率以七升为限，虽不悉入口，皆浇灌取尽。曜素饮酒不过二升，初见礼异时，常为裁减，或密赐茶荈以当酒。"

这段话的大意是，孙皓每次举行飨宴，没有不是一整天的，入席的人不管酒量如何，均以七升为低限，即使喝不下，也要全部强灌喝完。韦曜平时喝酒不过二升，起初他受特别礼待时，孙皓常为他减少限量，或暗中赐给茶水代酒。

这便是"以茶代酒"典故的来历。从此以后，当有人酒量不济，或因故不能喝酒时，"以茶代酒"便成了一种茶俗、酒俗。

这个"以茶代酒"的故事，也从一个侧面，反映了三国时期越地的饮酒之风与产酒情况。

233

[唐] 孙位《高逸图》中的阮籍

阮籍饮酒避祸。

阮籍居"竹林七贤"之首，堪称嗜酒如命、饮酒避祸、保全自己的典范。

《晋书·阮籍传》中写道，阮籍"嗜酒能啸"。喜好喝酒，喝后百感交集，仰天长啸。为什么会这样呢？传记中作了说明：阮籍"本有济世志，属魏晋之际，天下多故，名士少有全者，籍由是不与世事，遂酣饮为常"。

但阮籍的"酣饮为常""嗜酒能啸"，是有分寸的。他借酒泄愤，以酒避祸，酒成了保全自己的一种手段。传记中说他"虽不拘礼教，然发言玄远，口不臧否人物""喜怒不形于色"。即便醉了，说话做事仍有分寸，偶尔有点过头，也是醉了的缘故，可以敷衍了事。

晋文帝司马昭想为儿子司马炎向阮籍提亲，结果"籍醉六十日，不得言而止"。阮籍故意喝醉，一醉醉了60天，始终不能开口说话，只好作罢。

司马氏集团的亲信钟会，"数以时事问之"，实际上是想找岔子而治其罪。阮籍"皆以酣醉获免"，都因醉眠不醒，无法说话，得以免祸。

阮籍不乐仕宦，但听到步兵伙房的人善于酿酒，又有贮存的三百斛酒，就请求去做步兵校尉。

公卿大臣让阮籍起草给司马昭的劝进信，时间到了，派人去取，"见籍方据案醉眠"，只见他还趴在桌子上沉醉睡觉。

鲁迅先生在《魏晋风度及文章与药及酒的关系》文中，对阮籍的醉酒原因分析得入木三分，认为既在于他的主观思想，更在于他所处的客观环境。"他觉得世上的道理不必争，神仙也不足信，既然一切都是虚无，所以他便沉湎于酒了。然后他还有一个原因，就是他的饮酒不独由于他的思想，大半倒在环境。其时司马氏已想篡位，而阮籍名声很大，所以他讲话就极难，只好多饮酒，少讲话，而且即使讲错了，也可以借醉得到人的原谅。"

黄酒有意思

234

嵇康饮酒，恬静寡欲。

嵇康是"竹林七贤"之一，祖籍会稽上虞。《晋书·嵇康传》中，称他"恬静寡欲，含垢匿瑕，宽简有大量"。

但嵇康"恬静寡欲"的背后，是他鲜明的个性脾气。鲁迅先生认为"竹林七贤"的代表是阮籍与嵇康，两人的脾气都很大。但《晋书·阮籍传》中称阮籍"口不臧否人物"，终得天年，而嵇康却全然不改，直率本真，口无遮拦，牢骚满腹，终至40岁时丧于司马氏之手。

其实，嵇康在著名的《与山巨源绝交书》中，对同为"竹林七贤"之一的山涛所说的"今但愿守陋巷，教养子孙；时与亲旧叙离阔，陈说平生。浊酒一杯，弹琴一曲，志愿毕矣"之类的话，表达的正是绝不与司马氏集团合作的决心。在这里，酒自然成了他最好的寄托。

嵇康"身长七尺八寸"，《世说新语》卷下《容止》也有此记载，还说他"风姿特秀""其

《於越先贤传》中的嵇康

醉也，傀俄若玉山之将崩"。后来人们便将魁伟的身躯比为玉山、
玉柱。

鲁迅先生对嵇康的思想与诗文极为赞赏，整理了《嵇康集》十
卷，校勘四次，抄写三遍，历时二十余年，也可谓是惺惺相惜了。

235

酒仙刘伶，忘我饮酒。

刘伶是中国古代公认的酒仙、品酒第一人。《晋书》中为他设
有专传。

刘伶嗜酒，到了极点，不介意家产之有无多少，更置生死于度
外。常常坐着鹿车，带一壶酒，派人扛着锹跟着，死了就让人把他
就地埋葬。

有一次，他妻子泼掉
酒，砸毁酒器，哭着让他少
喝点酒。他说仅凭自己戒不
了了，让妻子准备酒肉，以
便求神相助，发誓戒酒。结
果，又喝得大醉。

还有一次，他在喝醉时
与人发生争执。那人扯住他
的衣袖，挥拳要打。他却慢
吞吞地说自己瘦得像鸡肋，

[唐] 孙位《高逸图》中的刘伶

你的拳头会打得不舒服的。那人听了，就笑着不打了。

刘伶虽然酒醉后狂傲放纵，但很有禀赋，写出了充满浪漫色彩、豪迈气魄、堪称酒文化史上上乘佳构的《酒德颂》。其中写道：

"捧罂承槽，衔杯漱醪，奋髯踑踞，枕麦藉糟，无思无虑，其乐陶陶。兀然而醉，豁尔而醒。静听不闻雷霆之声，熟视不睹泰山之形。不觉寒暑之切肌，利欲之感情。俯观万物扰扰，焉如江汉之载浮萍。"

这里，把饮酒之姿态、之乐趣，醉酒之心智、之乐感，刻画得淋漓尽致，仿若进入了因酒而致的极乐世界。

236

孔觊醉酒不误事。

孔觊，字思远，会稽山阴人，南朝宋大臣，孔子世孙。

《宋书·孙觊传》中记载，孔觊"性真素，不尚矫饰"，可见他是位保持了为人本色的官员。

本传中称他"不治产业，居常贫罄，有无丰约，未尝关怀"，可见他是位两袖清风的清官。

传记中还载他"尤不能曲意权幸，莫不畏而疾之"，属下"不呼不敢前，不令去不敢去"，可见他是位一身正气的循吏。

孔觊唯一的嗜好就是饮酒，而且是"使酒仗气，每醉辄弥日不醒，僚类之间，多所凌忽"。

本来好酒也无可厚非，但凭借酒意任性使气，整天不醒，甚至还轻慢同僚属下，便是不成体统的了。

好在他"虽醉日居多，而明晓政事，醒时判决，未尝有壅"，可见他是位处事公正、高效快速的干吏。

当时人都说"孔公一月二十九日醉，胜他人二十九日醒"，可见他还是有一定的口碑的，至少比那些一个月当中29日醒着却不干事的人强多了。

孔觊的确是太爱酒了。后来他在被杀前，还要求给他酒喝，说"此是平生所好"。

237

孔稚珪凭几独酌。

南朝宋齐时的大文学家孔稚珪，是会稽山阴人。《南齐书》本传中，称"稚珪风韵清疏，好文咏，饮酒七八斗"。说他风度气度清静疏阔，爱好文学歌咏，能饮七八斗酒。

孔稚珪不喜欢操心时务，在居住的宅院里建造了很多假山池塘，常常独自一人倚靠在小桌旁饮酒，从不去管身边杂七杂八的那些闲事。

他的宅院里野草丛生也不修剪，还经常有青蛙的叫声，他将之视为"两部鼓吹"之乐。这是名副其实的凭几独酌之乐。

238

王绩的梦里醉乡。

隋末唐初文学家王绩，在隋朝时曾任秘书省正字、六合县丞，入唐后曾待诏门下省，每日领酒一斗，人称斗酒学士，是五言律诗的奠基人。

王绩一生笃于饮酒、醉酒，宣扬其所谓的"眷兹酒德，可以全身、杜明、塞智"的思想。诗文多与酒相涉，如《五斗先生传》《祭杜康新庙文》《醉后》等。

《醉乡记》是王绩的代表作，以想象的手法，构思了一片神奇的乐土。文中洋溢着自然淳朴、清静无为的气息，弥漫着道家思想和《桃花源记》的影子，实际上是他酒醉之后的梦里醉乡。"醉乡"一词，便最早出自此。

239

皇甫松醉梦乡里日月长。

皇甫松，是唐朝宰相牛僧孺的外甥，工诗文，《全唐诗》录其诗18首。有《醉乡日月》一书。

皇甫松这里的"醉乡"，与隋末唐初王绩的"醉乡"一样，指的是醉梦乡里的意境。而元稹与白居易的"醉乡"，则将其义由虚转实，由泛转专，转成了对盛产美酒、崇尚美酒、畅饮美酒的越州的美称。

《醉乡日月》以色、香、味为标准，将酒分为圣人、贤人、愚人三等。以原料、工艺等为标准，将酒分为君子、中人、小人三级。以环境、景物、人员等为标准，提出了最宜饮酒的几种情形。强调饮酒的最高原则是欢乐，将欢乐视为"饮之霸道"。

按照皇甫松的这些标准，"色清味重而饴""家醪糯觞醉人"的越州酒，无疑是属于最高的圣人与君子这一等级的。

《醉乡日月》堪称中国历史上第一部全面研究酒文化、系统介绍饮酒艺术的重要著作，堪称酒道之祖。它与宋代窦苹的《酒谱》、明代袁宏道的《觞政》，都是酒业名著，对绍兴酒产业、酒文化产生了重大影响。

240

白居易的醉吟与中隐。

白居易的晚年人生，最为鲜明的一个特征，是隐、酒、诗三者的合而为一、融会贯通。

仕途多艰难，宦海多风险，不如做个隐士。但做住朝市的大隐显然不能，而做入丘樊的小隐也实在不甘，那就做个留在司官的中隐吧。

白居易的《中隐》诗正是因此而来的："似出复似处，非忙亦非闲。不劳心与力，又免饥与寒。终岁无公事，随月有俸钱。"不仅如此，而且还"若好登临""有秋山"，"若爱游荡""有春园"，

"若欲一醉"可"赴宾筵","若欲高卧"可"深掩关"。正因为如此,"唯此中隐士,致身吉且安"。

这种由中隐而致的"吉且安"的环境,便为白居易醉且吟的生活提供了条件。他自己在《劝酒十四首》序中写道,"居多暇日,闲来辄饮,醉后辄吟……皆主于酒,聊以自劝"。他诸多美妙的酒诗,正是因此而来的。

241

赴宴迟到,自罚致歉。

《太平广记》中载有这样一个故事,说的是唐朝元和年间,有位叫裴均的大臣,曾任同中书门下平章事,相当于宰相之职。

有一次,裴均宴请宾客,族侄裴弘泰迟到了。裴均很生气,想要责罚,于是裴弘泰便主动拿取席上之酒,一饮而尽,以示歉意。在席众人都佩服他的酒量与豪气。

裴弘泰凭实力主动罚酒,既给族叔挽回了面子,又为自己解了危。看来主动赔礼总是能够得到人家的理解与原谅,能饮之士通常能获得他人的赞誉和欣赏,惊人的酒量往往是化解危机的良药。

242

王冕借酒排郁闷。

王冕是元末绍兴府诸暨县人,杰出的诗人、画家。

他的诗艺，堪称元代的高峰。其中多有酒诗，堪称元代知识分子借酒赋诗、排解郁闷的典型。

他凭兴漫游，醉吟江山，酒浇块垒。在《漫兴》其二中写道："放怀尽可从诗酒，行乐何须论古今。"在《看山》中写道："酩醁数斗且尽醉，好景百年能几回？"在《会友》中写道："读书空堕英雄泪，得酒时浇磊块情。"

他其实酒量不大，醉酒只不过是为了一吐为快，排解胸中的郁闷。正如他在《答王聘君》其二中所写的那样，"平生无饮量，难与醉乡期"。

243

李慈铭以酒浇愁。

李慈铭嗜酒，曾与友人程秀才等"遍饮村店，无日不醉"达一个月之久，还为此作了绝句诗："日日腰间插手巾，旧家风调酒杯新。谁知三里红桥市，擘脯弹筝大有人。"酒成了理想之寄托、自信之所在。

太平天国攻占绍兴时，李氏一族受损尤重，他作《将进酒》，"罗襟泪落珍珠光""百年此顷胡可常"，满纸国事家事心事，一派孤寂冷落无奈，与李白的《将进酒》形成了绝然不同的鲜明对比。

他在《京邸被酒感赋》中写道："但觉逢人都不识，更天涯何处寻知己？我与我，周旋耳。此间无地堪沉醉。"这是与酒互为知己了。

黄酒有意思

唐解元笔意（俞小兰绘）

244

　　鲁迅先生与家乡酒。

　　鲁迅先生关心家乡酒。绍兴黄酒第一个国际金奖的获得，也有鲁迅先生的一份功劳。早在巴拿马太平洋万国博览会的前一年，即1914年的6月2日，他便在日记中留下了这样的记录："与陈师曾就展览会诸品物选出可赴巴那马者饰之。"

　　鲁迅先生爱喝家乡酒。对此，许广平在《欣慰的回忆》中曾经写到过。周作人说鲁迅喜欢喝几杯。鲁迅好友沈兼士也忆及鲁迅爱喝酒且酒量不小。

　　鲁迅先生热爱家乡酒，还表现在他笔下那么多的酒人酒事、酒风酒俗上。《孔乙己》是一幅酒乡的风情画。阿Q、孔乙己是有名的酒鬼。《风波》中的七斤嫂认为，"咸亨酒店是个消息灵通的所在"。《明天》里写道，鲁镇"深更半夜没有睡的只有两家：一家是咸亨酒店，几个酒肉朋友围着柜台，吃喝着正高兴"。

人们正是从鲁迅先生的身上，以及他的这些作品当中，加深了对绍兴这座城市与绍兴黄酒的了解。更有甚者，诸多的人们来到绍兴，分明在很大程度上是冲着鲁迅笔下的百草园、三味书屋等等而来的。

245

蔡元培每饭必酒。

蔡元培先生是中国近代著名的革命家、教育家、科学家，毛泽东主席誉之为"学界泰斗，人世楷模"，今绍兴古城内完好地保存着他的故居。

蔡先生的追随者程沧波在《宁粤和谈追随蔡先生的经过》中回忆，蔡先生"每一顿饭时都要喝一点酒。酒壶是用一个锡制方形的暖壶（里面是圆的，有夹层可以装开水），可盛四两酒"，"他自斟自酌，吃尽一壶也不再添"，"每次只吃几片面包，酒是不可少。每一顿都是这样"。

每饭必酒，有滋有味任悠悠；一杯在手，慢品慢尝尽享受。这是怡然自得的人生乐事，也是泰然自若的人生境界。

246

蔡元培以家乡酒敬贺夫人寿诞。

蔡元培先生与夫人周养浩相敬相爱，"天荒地老总不磨"。

1939年3月，蔡先生在香港为夫人作五十寿诞诗，其中写道："一尊介寿山阴酒，万壑千岩在眼前。"这"山阴酒"，自然指的是家乡绍兴酒；而"万壑千岩"，则显然是借用了东晋大画家顾恺之赞美会稽的"千岩竞秀，万壑争流"佳句。

一杯家乡山阴酒，既是在向夫人祝寿，表达对夫人的无限深情；又是在想念美丽的家乡、可爱的祖国，表达对家乡和祖国的由衷感情。

247

秋瑾爱喝绍兴的枣子酒。

秋瑾是辛亥革命的先烈、中国妇女解放运动的先驱，热爱家乡，关心妇女。今绍兴古城和畅堂，有全国重点文物保护单位秋瑾故居。

秋瑾特别爱喝绍兴的枣子酒。她常用家乡酒浸枣子，自制枣子酒，认为枣子酒香味特别浓，又富含维生素，是妇女健身补酒。

她还比较家乡酒与日本清酒，认为日本清酒较淡，绍兴枣酒，越浸越红，越甜越醇香，色、香、味俱佳。

248

平步青爱喝绍兴酒。

平步青在绍兴城里上大路有家宅，是清同治元年（1862）进士。他多考据、史评类著述，在不多的诗词中，多有涉酒的内容。

他称自己"世无所好唯耽酒"，常常"如此风光宜买酒"，认为"有酒不饮胡为乎"。他喝酒总是十分尽兴，"绿酒红灯夜未阑"，"酒龙诗虎争谐诙"，"醉擘吟笺侧帽观"，"醉余奇句落风骚"，"花香酒气扑人面"，"手把金樽醉花别，笑扶残醉余香回"。

这些诗句，将对酒的深厚感情，饮酒时的欢悦心情，醉后的多种风情，写得绘声绘色、活灵活现。

249

明清人士爱喝"南酒"。

《金瓶梅》是中国第一部文人独立创作的章回体长篇小说，列为明代四大奇书之首，书中有10多处提到了"南酒""老酒""黄酒"等。

清代文学家刘廷玑在《在园杂志》卷四中写道："京师馈遗，必开南酒为贵重……言方物也。"

《红楼梦》是一部具有世界影响力的人情小说、中国传统文化

黄酒有意思

的集大成者，其作者曹雪芹称自己喜欢品享"南酒与烧鸭"。

当代著名美食家、史学家逯耀东在《肚大能容》中写道："明清之际市井多喜南酒，北方稷粮蒸馏白酒辛烈，而黄酒醇和，人多常配以烧鸭。"

这些记述，是与清代民国时绍兴酒通行天下相关记述的极好互证。

250

绍兴师爷爱绍兴酒。

有清一代，绍兴师爷遍及中央朝廷到地方衙门，以致形成了"无绍不成衙"的美谈。绍兴师爷们热爱家乡，热爱绍兴酒。

一是自遣馈赠用绍酒。师爷一人在外，喜怒哀乐之时，常需喝点家乡酒自遣。也通常会用家乡酒，与主官、同僚、朋友之间进行礼尚往来。

二是公私宴请喝绍酒。受绍兴师爷的影响，主官宴请宾客时，通常用的是绍兴酒。师爷宴请时，更是如此。这在师爷的尺牍中，多有所载。

三是一带两便卖绍酒。师爷不入政府序列，其薪酬来自主官个人。于是，他们便一边做智囊，一边做点家乡酒的生意以补贴家用。清人周询在《蜀海丛谈》中写道，清代四川的刑名、钱谷师爷，十分之九是以绍兴人为主的浙江人。难怪四川的"竹枝词"中有这样的吟句："绍酒新从江上来""笑问师爷生意好"。

如此一来二去，以绍兴师爷之社会影响，自然于绍兴黄酒之扩大销售与消费，起到了推波助澜的作用。

251

清朝皇亲爱喝绍兴酒。

爱新觉罗·永忠，是清康熙皇帝第十四子允禵的孙子，能诗、工书、善画。

他对绍兴酒颇为钟情，每每利用到京城支取禄米的机会，去运河码头采购绍兴酒。

他在诗中写道："时回潞北辐车便，教致江南名酝尝。洗盏不辞连日醉，临书尚写数千行。"由此可见清朝皇室宗亲对绍兴酒的喜爱。

252

故宫收藏的百年绍兴黄酒。

2022年11月，故宫博物院原副院长、北京鲁迅博物馆馆长李文儒在绍兴参加中国黄酒发展大会期间，向媒体透露了故宫藏有百年绍兴黄酒。11月23日的《绍兴日报》第7版，刊发了王珏采写的题为《故宫里活着的文物》的报道。

李文儒谈道，当年在故宫清点库存时，惊喜地发现了四坛130多年前的绍兴花雕酒。

黄酒有意思

这四坛酒坛高约半米，轻轻一晃，还能听到里面发出"哐当哐当"的声音。坛上绘有龙凤呈祥图案，还能隐约看到"囍"字封印在酒坛密封处。李文儒据此分析推测，这酒可能是光绪皇帝大婚时的喜酒。

这简直就是绍兴酒在当时的地位与影响的极好证明。

253

清代民国时，宴客都用绍兴酒。

周叔弢先生是古籍收藏家、文物鉴赏家、著名实业家，曾任全国政协副主席。2017年，国家图书馆出版社出版了《醪海遗帧——周叔弢先生藏酒票》一函三册。

《醪海遗帧——周叔弢先生藏酒票》

书中收录了"到新中国成立为止二三十年间"的宴席上，周先生收藏的新开黄酒坛中的105张酒票。这些酒票，全部来自绍兴的酒坊，其中阮社70张、湖塘17张、东浦13张、三江所城2张、孙端1张、梅仙1张、模糊残缺难辨的1张。

其中时间最早的3张酒票，

均在清道光年间，分别为道光二十三年（1843）与二十八年的"万昌永记"、道光三十年的"德润徵记"。这些酒距离新中国成立，已有百年的时间。

周先生之子周景良在书中回忆，他父亲"最喜欢的是黄酒（或称绍兴酒）"，认为"黄酒的品格在一切酒中为最高"，所以宴席上喝黄酒"好像形成一种规矩或惯例"。

曹雪芹好友、清代诗人爱新觉罗·敦诚在《鹪鹩庵笔尘》中写道："近时士大夫宴客，非山阴酒不可。"

唐鲁孙是清光绪珍妃、瑾妃的侄孙，他在《中国吃·谈酒》中写道："北平虽然不产绍兴酒，凡是正式宴客，还差不多都是拿绍兴酒待客。"

这些记述与周叔弢先生的藏酒票一道，告诉了我们三个重要的事实：其一，清代民国时，从南方到北方，从家庭用餐到酒店宴席，喝黄酒是一种规矩和惯例；其二，上层社会尤其流行喝陈年酒，甚至是数十百来年的陈年酒；其三，这些酒均出自绍兴，都是绍兴黄酒。

所有这些，既是客观公正的市场颁给绍兴酒的金杯，也是消费者心目中关于绍兴酒的口碑，因而更是绍兴酒发展史上的丰碑。

有着这样的金杯、口碑和丰碑，绍兴人没有不自信的理由，绍兴酒没有不重辉的道理。

254

《说文解字》中的"酒"。

东汉许慎的《说文解字》，是汉民族第一部分析字形、说解字义、辨识声读的字典，清代学者王鸣盛在《说文解字正义序》中，称其为"天下第一种书"。

《说文解字》"酉"部，对"酒"的解释是这样的："酒，就也。所以就人性之善恶……一曰造也。吉凶所造也。"

其大意是：酒，是迁就的意思，是用来助长人性的善良和丑恶的饮料。另一义说，酒是造就的意思，是吉利的事、不祥的事造就的原因。

由此看来，酒于人之善恶、吉凶，主动权完全掌握在饮酒人自己的手中。

255

酒之饮，度为要。

人的生理需要酒，人的精神需要酒，社交礼仪也需要酒，这就使得酒对于人类而言，具有不可或缺的意义。利用得好，酒就会发挥出物质之外的种种作用。

酒的这种作用，既可以是正面的，也可以是负面的，常常会因人而异，即便是同一人，也往往会有因时而异、因地而异的情况。

饮酒中和、温克，度把握得好，便可使酒发挥正面作用；否则，便会导致负面影响。诚如辛弃疾在《沁园春·将止酒戒酒杯使勿近》中所言："怨无小大，生于所爱；物无美恶，过则为灾。"

正因为如此，人性的善恶，便会变得更加泾渭分明；人生的凶吉，便会变得更加扑朔迷离；凡事的成败，便会变得更加难以捉摸。

由饮酒之度而引发的酒的作用，就是如此的玄妙神奇、变幻莫测，以至于古往今来的人们，对酒与人性、酒与人生、酒与世事等，发出了挥之不去、爱恨交加的无穷感慨。

钟灵毓秀，

唯我黄酒，

绵联千年岁月稠。

曰公侯，

曰黔首，

谁个未曾暖心头。

今朝可有佳酿否?

有，

别太悠;

无，

莫忧愁。

卷五

酒之文

　　涓涓细流终归海，悠悠万事皆成文。酒之史、酒之特、酒之功、酒之饮，凝聚升华，百炼成金，便是酒之文。

　　酒名、酒具、酒俗、酒谚、酒联、酒节、酒诗、酒与艺术、酒与佛道、酒与文学等，都是酒之文的具体体现。

　　文化是一条源远流长的河，流过昨天，流到今天，还会流向明天。酒文化自当亦是如此。

黄酒有意思

一、酒名

256

绍兴酒，别名多。

绍兴酒的名称，从文献记载来看，经历了从会稽稻米清、山阴甜酒、会稽酒、山阴酒、越酒，到绍兴酒、绍兴黄酒等的演变过程。

元日题诗图轴（［清］史汉绘）

　　绍兴酒的雅称、俗称也很多，有以绍兴地名相称的，有以黄酒的品性相称的，有以黄酒的色泽、封装相称的，有以酿酒的原材料及器具相称的，有以黄酒的某一功用相称的，不一而足。

　　绍兴酒的这些别称，从不同的角度，道出了黄酒丰富的特色品性与深厚的文化底蕴。

257

　　以绍兴地名作别称。

　　越酒。绍兴在远古时期，就是於越族的活动中心。越国时，这里是首都。唐代时，这里称越州。因以"越"名酒。

　　绍酒。建炎五年（1131）正月，宋高宗在越州大赦天下，改元绍兴。绍兴元年（1131）十月，宋高宗升越州为绍兴府。绍兴地名由此而始。此后便有以"绍"名酒者。

　　绍兴。有清一代直至民国，与绍兴酒通行天下相关，以"绍兴"二字指称绍兴酒，颇为流行。袁枚的《随园食单》、梁章钜的《浪迹续谈》、梁绍壬的《两般秋雨庵随笔》等当中，均有此称。

258

　　以黄酒的品性作别称。

　　老酒。绍兴酒的品性，是越陈越香，越陈越醇。陆游朋友范成大《食罢书字》诗中，有"扪腹蛮茶快，扶头老酒中"句。清嘉庆

《山阴县志·货之属》中引《会稽县志》云：绍兴酒"其质尤厚，其香尤醇，故称老酒"。

名士。意为绍兴酒有像名士那样的品格与知名度。清袁枚在《随园食单·茶酒单·绍兴酒》中说，"余常称绍兴为名士"。

名士耆英。耆英，原指年高有德望的人，借指绍兴酒的陈香醇厚与声誉。清袁枚誉称。

清官廉吏。指绍兴酒不掺一丝一毫之假，像清官廉吏一样真实。清袁枚誉称。

般若汤。宋代窦苹《酒谱·异域酒》中称："天竺国谓酒为酥。今北僧多云般若汤，盖廋辞以避法禁尔。"绍兴人取其梵文智慧之意而用之。

醍醐。取智慧、觉悟之意而名。词出《大般涅槃经·圣行品》。唐白居易《将归一绝》中，有"更怜家酝迎春熟，一瓮醍醐待我归"句。

259

以黄酒的色泽、封装作别称。

黄酒。绍兴酒色泽黄澄透亮。

黄封。绍兴酒用黄泥封坛，如是贡酒则另加以黄罗帕封口。清山阴人吴寿昌《乡物十咏·东浦酒》中，有"郡号黄封擅，流行遍域中"句。

绿蚁。旧时新酿的没过滤的米酒，上浮米粒，微呈绿色，故称。

唐白居易《问刘十九》中，有"绿蚁新醅酒，红泥小火炉"句。

绿醑。义同绿蚁。唐秦观《游鉴湖》中，有"翡翠侧身窥绿醑"句。

真珠红。绍兴酒带红橙色。李贺有"琉璃钟，琥珀浓，小槽酒滴真珠红"句。

260

以酿酒的原材料及器具作别称。

曲道士。绍兴酒用优质曲发酵酿制。陆游《初夏幽居》中，有"瓶竭重招曲道士，床空新聘竹夫人"句。相类之名，尚有曲秀才、曲居士等。

三点水。"酒"字偏旁为三点水，水又为酒之主要原料，故名。

三酉。以"酒"字由三点水偏旁加"酉"字而成，故名。亦以绍兴方言中"酉""友"发音不分，称为"三友"。

壶觞。壶与觞，均为饮酒器具。陶渊明在《归去来兮辞》中，有"引壶觞以自酌，眄庭柯以怡颜"句。今绍兴鉴湖之畔尚有壶觞地名。

杯中物。陶渊明《责子》中，有"天运苟如此，且进杯中物"句。孟浩然《自洛之越》中，有"且乐杯中物，谁论世上名"句。

黄酒有意思

261

以黄酒的某一功用作别称。

福水。绍兴酒有保健、康养功用，能喝、会喝是福气。鲁迅作品中，有"福人饮福水"句。

红友。酒后红脸，故名。

欢伯。以酒予人欢乐，故名。汉焦延寿在《易林·坎之兑》中，有"酒为欢伯，除忧来乐"句。

忘忧物。以酒可忘忧消愁，故名。晋陶渊明《饮酒》中，有"泛此忘忧物，远我遗世情"句。

黄汤、祸泉、迷魂汤。以饮酒过度而致的对黄酒的一种蔑称。

二、酒具

262

独具特色的酒具。

酒具既包括酿酒的器具，也包括贮酒的器具，还包括饮酒的器皿。

绍兴历史上的酒具，得益于人类最早的彩陶、原始瓷、成熟瓷

越窑青瓷酒壶与酒杯（越青堂提供）

在这里出现的优势，也得益于这里辉煌的人文优势，近水楼台，因时而变，特色鲜明，集文史典故、陶技瓷艺、书法绘画于一体，富有深厚的历史文化底蕴，实乃无声之诗、立体之画、凝固之音乐、含情之雕塑。

263

一部绍兴酒具史，半部中国陶瓷史。

远古、先秦及秦时，酒具主要是陶杯，印纹陶鸭形壶，原始瓷的盉、盅、尊。

汉魏南北朝时，成熟瓷出现并迅速发展，酒具多为圆形壶、钟、耳杯、鸟形杯、扁壶、鸡头壶。

隋唐时，绍兴酒业旺、酒风浓、经济兴，越窑青瓷进入鼎盛期。主要酒具有高足杯、圈足直筒杯、带柄小杯、海棠杯、执壶等。另有陆羽所称颂的"碗，越州上"。

宋元时，特别是南宋时，绍兴地位崇高，主要酒具有盏、碗、把杯、瓜棱壶、提梁壶、玉壶春瓶、梅瓶、韩瓶等。

明清民国时，绍兴酒产量巨大、通行天下，酒具质量上乘、造型精巧。除当地生产外，不少从外地传入。最具特色的，是铁制、锡制爨筒。其他主要有酒盅、酒壶、汤酒壶、汤酒杯。明永乐和成化年间创制的"脱胎瓷"酒具、景泰年间始制的"景泰蓝"酒具、清乾隆时制造的"玲珑瓷"酒具也很多。此外，还有金、银、锡制酒具，山区用粗大毛竹制成的酒具等。

三、酒俗

264

丰富多彩的酒俗。

酒俗是与酒相关的风情习俗，是酒文化的重要组成部分。

酒俗的形成与发展，是一个历史的过程。不合时宜的，为历史所淘汰；有时代价值的，为历史所传承；时势有新需求的，为历史所创造。

绍兴产酒时间长，酿酒规模大，饮酒风气浓，相关的酒俗也是丰富多彩。其中饮酒的风俗，尤为丰富多彩。

265

逢喜必办酒。

小孩出生三天，办三朝酒。

小孩满月，办剃头酒。

小孩周岁，办得周酒。

大学考进，办庆祝酒。

就业升迁，办祝贺酒。

订婚，办订婚酒。

成婚，办喜酒。

做寿，办寿酒。

拜寿酒、结婚酒、元宵酒（绍兴咸亨黄酒博物馆提供）

266

逢节必办酒。

正月初一，新春酒。

正月十五，元宵酒。

清明时节，上坟酒。

五月初五，雄黄酒。

七月十五，祭祖酒。

八月十五，赏月酒。

九月初九，重阳酒。

冬至之日，冬至酒。

腊八时节，腊八酒。

大年三十，团圆酒。

祭祀之日，祭祀酒。

267

逢事必办酒。

造屋，上梁酒。

乔迁，进屋酒。

项目开工，开工酒。

企业开业，开业酒。

年终分红，分红酒。

出门远行，饯行酒。

远行归来，洗尘酒。

四、酒谚

268

[清] 范寅《越谚》

意蕴丰厚的酒谚。

谚语，是人们在长期的生产劳动和生活实践中，对一些事物与现象的规律性认识和通俗性表达。正如南朝梁刘勰在《文心雕龙》中所说的那样："谚，直言也。"

绍兴的酒谚，是绍兴黄酒与绍兴方言的极妙结合，文字朴实，内容丰富，意蕴深厚，堪称黄酒宝典、语言楷模、人生哲理、文化瑰宝。

269

歌颂黄酒产地的酒谚。

"绍兴三只缸，酒缸、染缸加酱缸。"说出了绍兴的重要物产。

"天下黄酒源绍兴。""越酒行天下。""绍兴出老酒，温州出棋手。"写出了绍兴酒的地位与影响。

"绍兴老酒鉴湖水。"点明了鉴湖水对绍兴老酒的独特作用。

"绍兴老酒出东浦。""东浦十里闻酒香。""游遍天下，勿如东浦大木桥下。"讲出了东浦作为绍兴黄酒酿制中心的地位与影响。

270

概述酿酒技艺的酒谚。

"儿子要亲生，老酒要冬酿。"讲出了冬酿对于黄酒的重要性，也讲出了凡事抓住机遇、利用时机的重要性。

"做酒靠娘，种田靠秧。"讲出了"酒娘"——酒曲对于做酒的重要性，也讲出了做事抓住关键、突破要点的重要性。

"人要老好，酒要陈好。""陈酒味醇，老友情深。"一个"陈"字，讲出了陈年对于黄酒的重要性，也讲出了人生阅历的重要性、珍惜老朋友之间的深情真情的重要性。

"开耙做酒，谁也不敢称老手。""熬酒做糖，一辈子勿充内行。"讲出了技术对于酿酒的重要性，也讲出了待人处事谦虚谨慎的重要性。

"做酒勿酸，赛过状元。"既讲出了真才实学对于酿出好酒的重要性，也讲出了以实际成效检验真才实学的重要性。

黄酒有意思

271

褒奖黄酒功用的酒谚。

"老酒糯米做，吃得变肉肉。"可见绍兴酒的保健、康养效用。

"扯得尺布勿遮风，吃得壶酒暖烘烘。""雪花飞飞，老酒咪咪。"说的是绍兴酒的御寒功能。

"饭是根本肉长膘，酒行皮肤烟通七窍。"讲出了酒通血脉的作用。

"老酒日日醉，皇帝万万岁。""老酒咪咪，真当福气。""老酒嗄嗄，福气十足。"这是对美好生活的赞美与期待。

272

选好佐饮菜肴的酒谚。

"清明螺端午虾，九月重阳吃横爬。"这里的"横爬"，指的是蟹。实际上讲出了凡事因时制宜的道理。

"陈酒腊鸭添，新酒豆腐干。""吃饭要过口（佐餐菜肴），吃酒要对手。"形容做事要有好搭档、好帮手。

"剁螺蛳过酒，强盗来了勿肯走。"说明剁螺蛳是饮黄酒的绝配，寓意珍惜当下，抓住眼前。

273

学习运用酒德的酒谚。

"壶里有酒好留客。""宴会之中要好酒，困难之中要好友。""好肥好料上田地，好酒好肉待女婿。"讲出了绍兴人的好客、交友、待人之道。

"有酒有肉接远亲，风发火急要近邻。"讲出了睦邻友好的重要性。

"酒逢知己千杯少。""人逢喜庆喝老酒。"讲出了喝酒要看准对象、找准时机的道理。

"喝酒喝到人肚里，说话说到人心里。"道出了讲话的方式方法的重要性，以及做思想工作对症下药、有的放矢的重要性。

喜酒良缘（赵柠檬绘）

黄酒有意思

"酒换酒来亲换亲，亲戚朋友帮一把。"讲的是亲朋好友之间的互帮互助、礼尚往来。

274

规劝饮酒适度的酒谚。

"酒多伤身，气大伤人。""酒多人病，书多人贤。""酒行大补，多吃伤神。""闷酒伤身，开怀是仙。"这是在强调喝酒不能过多，而且还要开心，否则会影响身体。

"酒不可过量，话不可过头。""酒能成事，酒能败事。""过量酒勿可贪。""饮酒千杯勿计较，交易丝毫莫糊涂。"这是在强调喝酒过了对事业、工作会有影响。

"美酒饮到微醺时，好花看到半开时。"这是在强调喝酒要有节制，适可而止。

五、酒联

275

雅俗共赏的酒联。

酒联至迟在宋代已经出现，明清时更为流行。它们往往是绝妙的广告语句，令人心驰神往，迫切光顾；也往往是煽情的营销口号，使人陶然其中，欲罢不能；还往往是暖心的招待用语，让人宾至如归，温暖似春。

绍兴的酒联，集文学、音韵、书法于一体，雅俗共赏，佳作如云，它们既招引顾客，又生发酒兴，既使酒店环境更加雅致，又使喝酒氛围更加热烈，成为绍兴城乡一道亮丽的文化风景。

276

酒店酒联。

绍兴大大小小的酒店，大多都有酒联。如清末民国初，鉴湖畔有家叫君泰阁的酒楼，其联曰"刘伶借问谁家好，李白还言此处佳"。"竹林七贤"之一的醉侯刘伶，与"斗酒诗百篇"的李白，一问一答，简洁明快，妙趣横生。

鲁迅笔下的咸亨酒店有联："小店名气大，老酒醉人多。""小"与"大"写出了店的特点，"老"与"多"写出了酒的功能。另有该店的"上大人，孔乙己，高朋满座；化三千，七十二，玉壶生香"，推陈出新，堪称神来之笔。

绍兴市越城区解放北路百年老店同心楼，原有一雅联——"矮墙披藤隔闹市，小桥流水连酒家"，将酒店的环境位置与建筑特色，写得一清二楚。

绍兴古城大江桥畔的兰香馆酒家，原有"兰亭共流觞，香肴集斯厨"联，是对酒店名称与特色的极好注解。

277

乡村酒联。

给绍兴酒留下了很多有价值记载的清人梁章钜，曾在《楹联丛话全编》中写到了一副酒联："沽酒客来风亦醉，卖花人去路还香。"淡雅直白，宛然入画，醉意弥漫，清香扑鼻。

绍兴是酒乡，刻在乡村建筑物上的酒联也有不少。如东浦一古桥上的"浦北中心为酒国，桥西出口是鹅池"，一语道出了这里自古就是区域酿酒中心。东浦酒仙碑上有一联——"千年越州飘酒香，十里东浦产佳酿"，尽显东浦酒的地位、规模与品质。

又如阮社荫毓桥上的"一声渔笛忆中郎，几处村酤祭两阮"。联中的"中郎"，指的是旷世逸才、东汉大文人蔡邕，他曾避难江南，游会稽，宿柯亭，取屋椽为笛，留下了柯亭笛韵等典故。联中的"两阮"，指的是曾在这里生活过的"竹林七贤"之一阮籍及其侄子阮咸。

278

日常酒联。

日常酒联文字直白而寓意深刻，有的为读书不多的"白目才子"所撰，虽然少了些书卷气，却是多了些烟火味。

写佳酿新制——"山径摘花春酿酒，竹窗留月夜品香。""黄菊倚风春酒熟，紫门临水稻花香。"

写陈酒开坛——"开坛千君醉，上桌十里香。""远客来沽，只因开坛香十里；近邻不饮，原为隔壁醉三家。"

写把酒言欢——"绮阁云霞满，清樽日月长。""山好好，水好好，开门一笑无烦恼；来匆匆，去匆匆，饮酒几杯各西东。"

写敞怀开饮——"一杯千愁解，三杯万事和。""劝君更尽一杯酒，与尔同销万古愁。"

写无尽酒乐——"斗酒宴嘉宾，杀鸡烹羊酬知己；香车迎淑女，悬灯结彩话良缘。""举杯同歌无量寿，开怀同饮小阳春。"

黄酒有意思

六、酒节

279

源远流长的酒节。

《隋书·地理志下》中记载，越人"俗信鬼神，好淫祀"，故而越地祀神祭祖、迎神赛会，历来称盛。

早在4000年前，越地已有专门的禹祭活动。越国时期，已有春祭三江、秋祭五湖之俗。

在这些祀神祭祖、迎神赛会活动中，酒自然是少不了的。佳酿祭神，祈福消灾，既是其中的重要内容，又是活动的基本目的。

在这类丰富多彩的祀祭、迎会活动中，更有以酒为主题的祀祭迎会活动，成为绍兴酒文化的重要组成部分。

280

酒仙神会。

早在六朝时，绍兴东浦一带就已祭祀日盛。宋代时，随着东浦成为绍兴酿酒业的中心，迎酒仙、饮乡酒、赛龙舟等民间活动，日渐成为乡俗。

相传，七月初七是酒仙菩萨的生日，这也是牛郎织女相会的日子。此时秋高气爽，又恰逢农闲，外地客户也多在此时来绍贩酒。客人来了，宣传宣传自己的酒坊，请请客，是理所当然的；顺便请客人一起祭祭神，保佑互相合作愉快、大家生意兴隆，也是皆大欢喜的。

于是，清咸丰二年（1852）七月初六至初八，东浦的数十家名酒坊联合举行了"酒仙神会"活动。活动期间，祀酒神，演社戏，赛龙舟，酒旗招展，酒贩云集，热闹非凡。

"夜市趋东浦，红灯酒户新。隔村闻犬吠，知有醉归人。"乡贤李慈铭的诗句，写的大概正是"酒仙神会"这类祀祭、迎会活动期间夜市的情景。

东浦赏坊村至今仍完好地保存着《酒仙神诞演庆碑记》，碑中记录了祭祀酒仙的盛况等内容。

281

酒业会市。

1936年，根据清末光复会重要成员、时任东浦乡乡长的地方绅士陈子英的提议，"酒仙神会"改为"酒业会市"。

酒业会市在保留酒仙神会迎神祭祀等传统内容的同时，顺时应势，增加了邀请海内外客商参加、展示酒坊新品、丰富娱乐营销等内容，活动规模与影响更大，成为重要的区域性黄酒主题展销集会。

酒业会市凝聚了绍兴酒企的力量，丰富了绍兴黄酒文化的内涵，促进了酿酒业的发展。

2023中国国际黄酒产业博览会暨第29届绍兴黄酒节开幕式（中国绍兴黄酒集团有限公司提供）

282

黄酒节。

1990年4月，以"黄酒开道、文化搭台、经济唱戏"为主旨的第一届"绍兴黄酒节暨春季商品交易会"拉开帷幕。35家酒企、6个国家的来宾和1600多位国内客商参会。

这次节会，扩大了绍兴黄酒的知名度和美誉度，还带来了相应的经济效益和社会效益。更为重要的是，这次节会既继承了既往绍兴酒节会的传统，又开启了现代绍兴酒节会的新路，因而具有继往开来、承古开新的意义。

现在，黄酒节正在成为黄酒开酿的盛典、黄酒发展的盛会、市民游客的盛节

2024年公祭大禹陵典礼（绍兴大禹开发投资有限公司提供）

283

祭禹大典。

最早的祭禹，《吴越春秋·越王无余外传》中有记载："启使使以岁时春秋而祭禹于越，立宗庙于南山之上。"《越绝书·外传记地传》中记载："昔者，越之先君无余，乃禹之世，别封于越，以守禹冢。"照此算来，祭禹已有4000年的历史。

越王句践的重大使命，也是搞好禹祭、守好禹冢。《史记·越王句践世家》中记载："越王句践，其先禹之苗裔，而夏后帝少康

之庶子也。封于会稽，以奉守禹之祀。"

《史记·秦始皇本纪》中记载，公元前210年，秦始皇"上会稽，祭大禹"，开启了帝王亲临禹陵、亲祭大禹的先例。

此后，历代祭禹，绵延不绝。清代时，有七帝遣官祭禹43次，其中康熙、乾隆还亲临大禹陵祭祀。

《绍兴市志·大事记》中记载，孙中山、蒋介石也先后于民国5年（1916）8月19日、民国36年4月11日，前来绍兴，瞻谒大禹陵庙。

民国28年（1939）3月29日，周恩来以国民政府军事委员会政治部副部长的公开身份，瞻谒了大禹陵庙。

1995年4月20日，浙江省人民政府与绍兴市人民政府隆重举行"浙江省暨绍兴市各界公祭大禹陵典礼"。这次祭祀，是中华人民共和国成立后的首次公祭，标志着传承4000年之久、已中断了60年的公祭大禹陵传统的恢复。

今具珍果兼佳酿，尤盼我祖佑风调。自此以后，每年的农历谷雨，成了大禹陵公祭日。

284

兰亭书法节。

《兰亭序》是魏晋风度的缩影、中国书法的圣典。兰亭因诞生了《兰亭序》而名扬天下，声闻至今，成为江南山水的代表、中国书法的圣地。

　　1985年1月24日，绍兴市人民代表大会常务委员会作出了《关于建立绍兴市书法节的决议》："为了继承祖国的书法艺术，培养出更多的书艺人才，使我市无愧于历史文化名城的称号，为此，决定将农历三月初三定为绍兴市书法节。"

　　从此，三月初三上巳节这个当年王羲之与41位亲友曲水流觞修禊事的日子，成了绍兴人民的法定节日。

　　从这一年开始，书法节每年在兰亭如期举行。从海内海外、四面八方而来的文人墨客们，身着古装，焚香拜圣，列坐其次，曲水流觞，盛况一年胜于一年。

2024年全国第十三届书法篆刻展览（浙江展区）暨第四十届兰亭书法节开幕式
（绍兴兰亭景区管理有限公司、绍兴市兰亭书法博物馆提供）

黄酒有意思

而今，书法作为中华优秀传统文化的重要标识，已经成为共识；兰亭作为中国人文旅游、人文经济的重要标识，也已经成为共识。

三月初三惠风舒，四十二贤多雅趣。
崇山茂林映清流，峻岭修竹观天宇。
游目骋怀寄逸兴，列坐其次咏诗曲。
而今书圣已远去，难忘仍是《兰亭序》。

青瓷之觞盛载着琥珀佳酿，在时光的清流中飘荡。文脉绵延，书风和畅，兰亭依然洋溢着墨香酒香。

七、酒诗

285

酒与诗，长相守。

端起酒杯诗兴起，酒是心中藏着的诗，诗是心中酿就的酒。在德国哲学家尼采看来，抒情诗是酒神艺术，因为酒神使整个情绪系统激动亢奋，是情绪的总激发和总释放。

李白每次大醉后，吟即兴诗未尝差误，与醒者晤无不折服，人们视其为"醉圣"。白居易善醉后作诗，自称"醉司马""醉尹"。皮日休亦擅酒后作诗，自称"醉士"。

286

永和九年（353）曲水流觞时的酒诗。

东晋永和九年三月初三的曲水流觞、兰亭雅集活动中，11人各赋诗2首，15人各赋诗1首，16人因无诗而罚酒。

由这37首诗组成的《兰亭集》，堪称中国秦汉以来的第一部酒诗集，因为其中不少富有酒的意蕴、醉的情趣。尤其是直接写到酒的诗句，如：

　　谢安的"醇醪陶丹府，兀若游羲唐"。

　　谢万的"灵液披九区，光风扇鲜荣"。

　　孙绰的"穿池激湍，连滥觞舟"。

　　徐丰之的"零觞飞曲津，欢然朱颜舒"。

　　孙统的"因流转轻觞，冷风飘落松"。

　　王彬之的"渌水扬波，载浮载沉"。

　　王肃之的"吟咏曲水濑，渌波转素鳞"。

　　袁峤之的"激泉流芳醪，豁尔累心散"。

　　华茂的"泛泛轻觞，载欣载怀"。

　　王玄之的"萧散肆情志，酣觞豁滞忧"。

　　这些诗句，写出了曲水流觞之乐、品酒吟咏之思，堪称以酒述志、把盏抒怀的典范。

兰亭修禊图卷（［清］陈九如绘）

287

陶渊明的酒诗。

陶渊明爱酒，酒量也大，但他饮酒，主要不是泄愤，而是以酒作为忘忧之物，作为达到恬淡、平和、自然境界的工具。

陶渊明写了大量与酒相关的诗文。《陶渊明集》收录其诗文146篇，写到酒的有56篇，占了将近四成。

他的《饮酒》组诗，多达20首。组诗的序中写道："偶有名酒，无夕不饮。顾影独尽，忽焉复醉。既醉之后，辄题数句自娱。纸墨遂多，辞无诠次。"他在诗中写道："泛此忘忧物，远我遗世情。一觞虽独尽，杯尽壶自倾"；"悠悠迷所留，酒中有深味"。这是他在以酒自乐，凭酒抒怀，把酒论世。

陶渊明对名权利位淡之如菊，他的诗文也淡之如菊。当然，菊虽淡，毕竟还是有点味道的。这味道，便是多少有点失望与抱怨之苦味，进而不能则退之涩味，寻常酒中自有之深味。

鲁迅先生在《魏晋风度及文章与药及酒之关系》文中写道："再至晋末，乱也看惯了，篡也看惯了，文章便更和平。代表平和的文章的人有陶潜。他的态度是随便饮酒，乞食，高兴的时候就谈论和作文章，无尤无怨。所以现在有人称他为'田园诗人'，是个非常和平的田园诗人。"又写道："他穷到衣服也破烂不堪，而还在东篱下采菊，偶然抬起头来，悠然的见了南山，这是何等自然。"鲁迅所论，道出了陶渊明饮酒的境界之高。

黄酒有意思

可以说，是酒帮助陶渊明创作了众多脍炙人口的诗歌，营造了平淡自然的艺术至境，并且以清高耿介的人格和恬淡玄远的志趣，为后人构筑了一方纯洁自由的精神家园。陶渊明因此而成了中国历史上的伟大诗人、中华优秀传统文化的标志性人物。

288

戴逵的《酒赞》。

戴逵原是东晋时安徽的名门望族，中年后携家迁居会稽剡中，直至终老。他与王羲之父子交厚，少博学，善属文，工书画，尤精雕塑，是位全能型的艺术家。

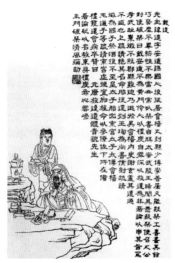

《於越先贤传》中的戴逵

戴逵嗜酒，曾作《酒赞》诗："醇醪之兴，与理不乖。古人既陶，至乐乃开。有客乘之，隗若山颓。目绝群动，耳隔迅雷。万异既冥，唯有无怀。"

诗中认为，饮酒是一件与常理不相违背，甚至还可以达到至乐境界的好事。在客来斟酌之时，什么外界的动静雷电，均被置于脑后，有的只有畅饮开怀的心境。这自然是他饮酒切身体会的总结。

诗序中还写道，"临觞抚琴。

有味乎二物之间"。边品酒，边抚琴，其中之美妙之味，自然是非局中人所能体味得到的。

他首创干漆夹纻雕塑法，运用此法在建康瓦官寺所作的"五世佛像"，与顾恺之的"维摩诘像"壁画、狮子国（今斯里兰卡）所献的玉佛，并称"佛教三绝"。他还曾花了三年时间，创作了一丈六尺高的无量寿佛木雕像。可见酒兴与佛道是相通的。

289

唐宋多酒诗。

唐代是中国诗歌的鼎盛时期，也是中国酒诗的鼎盛时期。行走在浙东唐诗之路上的大唐诗人们，留下了1500多首有关越地山水人文的诗作，其中一半以上写到了酒。

王洪渊、程盈莹在《中国经典酒文化的国际传播》中，有不完全的统计，称6位唐宋诗人的全集中，"酒"字出现多达2600多处，其中《李白全集》250处、《杜甫全集》204处、《白居易全集》840处、《韩愈全集》138处、《柳宗元全集》65处、《苏东坡全集》1151处。

290

元稹的酒诗。

元稹，字微之，河南人，15岁即以明经擢第，中唐著名诗人，曾任宰相。唐穆宗长庆三年（823）至文宗大和三年（829），任浙东观察使兼越州刺史达七年之久，颇多佳政，深得民心。

他热爱越中的山水、风物、人文，写了大量的歌咏之作，为今日之绍兴留下了"天下风光数会稽""会稽天下本无俦"等堪称佳绝的广告语。

他写下了独具特色的266首酒诗，占了其全部存诗的三成以上，其中仅诗题中直接出现"醉"字的就有21首，这与他受到了越州酒乡醉乡的熏陶密不可分。

他在《酬乐天喜邻郡》中，热情地邀请朋友"投募醉乡"越州。

他在《寄乐天》中，热切地期盼朋友"飞来相伴醉如泥"。

他有一首长达200多行的《有酒十章》诗，极尽自己对酒的看法，既是酒的颂歌，又是酒的画卷。

他的《酬乐天劝醉》诗，生动地写出了"一杯"与"十盏"的不同反应、"半酣"与"酩酊"的不同感受、"共醉"与"独醉"的不同趣味、"美人醉"与"王孙醉"的不同情态。

这些酒诗，不仅是诗中珍品，而且还是酒文化的瑰宝。

291

白居易的酒诗。

白居易，字乐天，陕西人，中唐著名诗人，官至刑部尚书。

白居易十二三岁时，曾到越中避乱。早元稹一年，即唐穆宗长庆二年（822）到任杭州刺史。与元稹有近30年的亲密友情，是莫逆之交，又因他们的文学观点相同、作品风格相近，史称"元白"。

在白居易留存下来的近3000首诗歌中，出现"酒"字的占了近三分之一，其中仅诗题中直接出现"醉"字的，就有50多首，这自然是与他在越州的生活经历、同元稹的深情厚谊、对越州美酒的了解和嗜好密切相关的。

他在《和微之春日投简阳明洞天五十韵》中，认为投身"醉乡"越州，乐事便会须臾而来。

他在《想东游五十韵》中，写"良辰宜酩酊，卒岁好优游"，"百忧中莫入，一醉外何求"，充满了对醉乡越州的美好回忆。

他的《劝酒十四首》，分为《何处难忘酒》与《不如来饮酒》两章。前章写尽了在人生的豪迈、丰约、忧乐、闹寂等种种情形下，都"难忘酒"的种种事实。后章则写尽了既然"难忘酒"，"不如来饮酒"的种种形态："醉厌厌""醉悠悠""醉醺醺""醉昏昏""醉醺醺""醉腾腾""醉陶陶"。全诗生动传神地写出了饮酒的至乐、至趣、至味，令人跃跃欲试，蠢蠢欲动。

292

元白唱和咏醉乡。

中唐诗人元稹与白居易是好友，诗笺往来频繁。根据杨军在《元稹集编年校注》中的研究和顾学颉在校点版《白居易集》中的研究，30多年中，两人唱和诗作分别有182首、212首，分别占了各自诗作总数的22％和8％。

　　两位大诗人丰富的人生阅历，给了他们丰富的唱和题材。丰富的唱和诗作，又极大地增加了地域山水生态、历史人文对外传播的机会。

　　特别是唱和后期的七年间，元稹为浙东观察使兼越州刺史，白居易为杭州、苏州刺史，对越酒、越地、越文化的歌咏，成了他们唱和内容的重中之重。唐诗和越酒，由此而成了元白唱和的两大重要元素，也成了浙东唐诗之路吟咏的两大基本载体，还成就了盛唐时期诗酒文化的两大巅峰之作。

293

　　杜甫的《饮中八仙歌》。

　　杜甫的这首诗，用漫画素描的手法，依次生动地描写了贺知章、李琎、李适之、崔宗之、苏晋、李白、张旭、焦遂八位酒中仙人的各异醉态、平生醉趣，展现了他们嗜酒如命、放浪不羁的性格，也让人们从中领略到了盛唐文士乐观、放达的精神风貌。

　　如写唐玄宗侄子、汝阳王李琎，饮酒三斗后去见天子，路上碰到载酒车，被酒香引得口水直流，为自己未能得封酒泉而遗憾。

　　如写苏晋，虽在佛前斋戒吃素，但饮起酒来，常把佛门戒律忘得干干净净。

　　如写张旭，饮酒三杯，即挥毫作书，时人称为"草圣"。他不拘小节，在王公贵族面前脱帽露顶，挥笔疾书，有时甚至以头濡墨

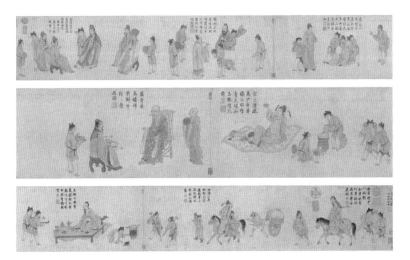

饮中八仙图（［元］任仁发绘）

而书，醒后自视手迹，连自己也感到神异而不可复得。

又如写平民焦遂，五杯酒下肚，才得以精神振奋，在酒席上高谈阔论，常常语惊四座。

294

贺知章的酒诗。

贺知章留存下来的诗作不多，仅20多首，其中《全唐诗》录19首1句。

这些诗作，充满了对越中家乡山水人文的深厚感情，反映了他的豪爽个性、醉酒嗜好与重道偏好。其中有 3 首 1 句是直接写酒的。

《题袁氏别业》:"主人不相识,偶坐为林泉。莫谩愁沽酒,囊中自有钱。"看来这次贺知章是随身带了钱的,不至于需要用金龟来换酒了。

《春兴》:"泉喷横琴膝,花黏漉酒巾。杯中不觉老,林下更逢春。"在泉、琴、花、林、春诸美俱有的美妙环境中饮酒,自然是会达到物我两忘的绝妙境界的。

《奉和圣制送张说上集贤学士赐宴赋得谟字》中写道:"三叹承汤鼎,千欢接舜壶。微躯不可答,空欲咏依蒲。"全诗写出了宴会之盛大、祝贺之热情。

贺知章另有一诗句:"落花真好些,一醉一回颠。"这与杜甫在《饮中八仙歌》里写他的"骑马似乘船"句一样,堪称神来之笔。

295

酒诗充满爱国情。

陆游一生写过 10000 多首诗,留存至今的有 9300 多首,其中内容涉及酒的有近 2000 首,约占存诗的五分之一。其中很多的诗,充满了爱国之情。

"酒为旗鼓笔刀槊,势从天落银河倾",是酒给了他勇往直前的勇气和胆魄。

"方我吸酒时,江山入胸中",是酒给了他宽广的胸怀与磅礴的气势。

"玉杯传酒和鹿血，女真降虏弹箜篌"，是酒给了他一统江山的梦想与力量。

陆游的爱国热情，充斥在他的整个生命里，洋溢在他的全部作品中，充满在他白天的清醒世界中，也泛滥在他夜间的醉梦乡里。

这里有酒的力量、酒的神助，是酒给了他精神的寄托和情绪的宣泄，更是酒给了他忧国的载体和杀敌的勇气。

296

陆游诗中的家乡酒。

陆游诗中的家乡酒，除了前面已经介绍过的酒垆、酒楼、酒市、旗亭、村店、野店等酒家外，还有很多。

陆游的诗中，有迎风招展的酒帘。"说梅古谓能蠲渴，戏出街头望酒帘。""重重红树秋山晚，猎猎青帘社酒香。"

陆游的诗中，有崇尚信用的赊酒。"店店容赊酒，家家可乞浆。""雪前雪后梅初动，街北街南酒易赊。"

陆游的诗中，有祈求丰收的社酒。"箫鼓追随春社近，衣冠简朴古风存。""社酒粥醨供晚酌，秋菰玉洁芼晨烹。"

陆游的诗中，有百姓自酿的村酒。"闲驾柴车无远近，旋沽村酒半甜酸。""闾里不嫌村酒薄，瘦来偏觉旧衣宽。"

陆游的诗中，有秋收冬酿的腊酒。"莫笑农家腊酒浑，丰年留客足鸡豚。"

陆游的诗中，有即酿即饮的新酒。"道傍孤店新醅熟，已有幽禽一两声。""店家已卖新笭酒，一醉今宵似可成。"

陆游的诗中，有因色而名的绿酒。"杯中绿酒不肯饮，镜里苍颜应自知。""翡翠侧身窥绿醅，蜻蜓偷眼避红妆。"

陆游的诗中，有自酿未滤的浊酒。"一杯浊酒即醺然，自笑闲愁七十年。""不嫌鸡瘦浊醪酸，草草杯盘具亦难。"

家乡的美酒，成就了陆游的名诗佳作。陆游的这些诗作，令人穿越时间，身临其境地感受到了近千年前绍兴醉乡的酒风酒貌。

297

杨维桢的酒诗。

杨维桢是元末绍兴府诸暨县人，诗坛领袖，铁崖体创始人，与同好创办了绍兴历史上第一个诗社龙山诗巢，明代大文学家宋濂在为他而作的墓志铭中，称其为"文章巨公"。

杨维桢的诗作中，多有饮酒之诗。《劝尔酒》写出了醉时百态；《将进酒》"劝君秉烛饮此觞"；《题陶渊明漉酒图》由陶及己，酒醉率性见天真；《禁酒》写出了自己对禁酒令的不满与愤懑；《红酒歌》唱出了"桃花美酒斗十千""一斗不惜诗百篇"的豪情。

298

张可久的酒曲。

张可久是庆元（今浙江宁波）人，曾在元末做过绍兴路吏，所作散曲中，多有稽山鉴水与绍兴酒的描写。

《鉴湖春行》："清光湖面镜新磨，乐意船头酒既多……不醉如何？"一幅惟妙惟肖的春光、美酒、醉意图。

《忆鉴湖》："竞渡人争，载酒船行。"一派竞渡乐酒的热闹场面。

他在《鉴湖小集》中写道："写《黄庭》换得白鹅，旧酒犹香，小玉能歌……去了朱颜，还再来么？"在《鉴湖上寻梅》中写道："竹篱边沽酒去，驴背上载诗来。猜，昨夜一枝开。"

在《鉴湖春日》中，他"蚁泛春波倒玉壶"，"游遍贺家湖"。在《鉴湖夜泊》中，他"醉舞花间影零乱"。在《鉴湖宴集》中，他"人醉在红香镜里"。在《寻梅》中，他"湖东载酒来，马上见梅开"。

在《稽山春晚》中，他写"先生醉，葛洪丹井西"，醉倒在葛洪炼丹井的西旁。这是因为，"若耶溪边路，四山环翠微，春去人间总不知。莺乱啼，满川烟树迷"。既因酒陶醉了人，更因景迷醉了人。

在《登卧龙山》中，他见"孤村酒市野花开"，有感而发，"长吟去来"。

在到衢州做官后作的《自会稽迁三衢（三首）》中，他对会稽充满了留连之情："梦笔名贤，载酒谪仙，相劝苦留连。""诗酒缘，醒吟编，若耶山父老相爱怜。"真是很想回会稽，"迁，移入小桃源"。

黄酒有意思

八、酒与艺术

299

酒中自有激情在。

酒给了书画、戏曲等诸多艺术家们以创作的激情与灵感，在升华他们的才艺进而达至最高境界方面，发挥了神奇的作用。

纵观历史，可以发现两个规律性的现象：流芳百世的文人墨客，尤其是书画大家，几乎没有不善饮、不嗜酒的；播惠九州的文艺作品，尤其是书画精品，几乎没有不是在艺术家或酒后微醺，或酒酣耳热，或肆饮大醉后挥洒而成的。

300

微醺挥就《兰亭序》。

唐代书法理论家张彦远在《法书要录》中写道，王羲之与友人曲水流觞、酒酣微醺之后，"挥毫制序，兴乐而书……遒媚劲健，绝代更无"。然而，在酒醒之后，"更书数十百本，终不及之"。

《兰亭序》有书法艺术之美，是公认的天下第一行书；有语言文辞之美，文字清醒，言简意赅，朗朗上口；有崇尚自然之美，写出了人乐自然的本真情景，有人生境界之美，"后之视今，亦由今之视昔"的人生使命感，跃然其上。

是会稽佳酿之美，成就了《兰亭序》的四美。而《兰亭序》之美，又对会稽美酒起到了宣传推介、锦上添花的作用。

现在想来，假如当年没有流觞曲水、以修禊事的雅逸，没有一觞一咏、畅叙幽情的雅趣，没有酒至微醺、情至浓烈的雅兴，也就没有了书法艺术、语言文辞、山水自然、人生境界四美并举的《兰亭序》，没有了作为书法圣人的王羲之，没有了作为书法圣地的兰亭。真是一觞一圣序，一觞一圣人，一觞一圣地。

301

日本的"曲水宴"。

唐朝时，随着日本遣唐使、留学生和学问僧的纷至沓来，包括书法在内的中国文化大量东传。

"曲水宴"活动便因仿中国的兰亭雅集、曲水流觞活动而兴。代表性的是公元958年，在日本福冈县的大宰府天满宫，仿兰亭曲水流觞，举办的"曲水宴"活动。参与者兴致勃勃，修禊、流觞、饮酒、作诗、写字等环环紧扣，尽得风流。

302

朝鲜半岛的续兰亭雅集。

唐朝时，新罗人崔致远先后求学、为官、游历于唐。返国后，先官后隐，成为朝鲜半岛汉文学的开山鼻祖，有"东国儒宗"之誉。

高丽时代，相当于中国的宋元时期，文人们多有仿兰亭的修禊之会。有"朝鲜李太白"之誉的李奎报，留下了"间青林而铺座，环流水以送怀"与"修禊事，慕兰亭之胜集"等诗句。

朝鲜时代，承中国"续兰亭"之名的雅集颇多，且常在山水间或庭苑内举行，诗酒风情，翰墨风流，成为一时盛事。其中在"癸丑"年举行且具代表性的有：

李陆偕友人于1493年在晋州举行雅会，并作了《续兰亭会诗》《续兰亭会序》。

吴道一于1673年在墨寺洞组织雅会，并作《终南续兰亭会诗序》，认为"地之胜、时之良、人才之盛，是三者固不多让于兰亭"。

赵龟命于1733年在朴舍人洞组织雅会，并作《续兰亭会序》。

1793年，朝鲜正祖于三月癸丑日（二十日）召令臣僚在内苑的玉流川，仿兰亭禊，使各临流觞咏。玉流川在今韩国首尔昌德宫后苑，川旁有逍遥岩，上有"玉流川"等铭文。

1853年是朝鲜王朝最后一个癸丑年，李是远邀亲友于紫阁西之青鹤洞，作兰亭续会，并诗序其事。

303

王冕醉酒墨梅开。

王冕是墨梅圣手，醉后所作之墨梅，尤得天趣、真趣与清气、正气。

他在《草堂》中写道："安得载酒草堂来？岁寒同看梅花树，梅花别有天真趣。"在《墨梅（四首）》其一中写道："老仙醉吸墨数斗，吐出梅花个个真。"他的《大醉歌》与《红梅（十九首）》，写出了醉后的万丈豪情，写出了梅花的种种幽姿。

王冕的画，总是散发着徐徐而来的醉意，更常常因自题小诗而得颊上添毫之妙，亦往往因所书字款而生锦上添花之感。而诗中洋溢着的阵阵醉意，则尤其给了画作以画龙点睛之功用。

酒香（祝蓝锬绘）

304

徐渭作品中洋溢着酒香酒情。

徐渭嗜酒工画，于他而言，酒与画之间，存在着某种必然的联系。酒成就了徐渭的绘画艺术，画神化了绍兴酒的神奇功效。醉酒作画，笔到意至，似乎成了青藤画派的秘诀所在。

《芥子园画谱》中记有徐渭酒醉作画的情景，醉后专拣写过字的败笔，作拭桐美人，即以笔染两颊，而丰姿绝代。

徐渭常常杯不离手，手不停笔，边饮边画，酒醉画成。我们完全可从《初春未雷而笋有穿篱者，醉中狂扫大幅》《大醉作勾竹两牡丹次日始得题》《大醉为道士抹画于卧龙山顶》等题画诗中，感受他借酒之功、神思飞逸、秃笔飞动、纵横肆姿、淋漓尽致、忘我无敌的创作情景。

放浪曲蘖，借助酒力，使徐渭的艺术才华得到了升华，使他的诗、书、画、文洋溢着酒香酒情，使他在中国的文化史上闪烁着不灭的光芒。

305

戏曲之乡与酒乡的交相辉映。

戏曲是人文的精华、社会的镜子、历史的浓缩、人类的记忆。

绍兴戏曲，传统绵长，剧种、曲种多样，拥有20多个剧种，是我国地方戏曲最多的设区城市，是名副其实的戏曲之乡。

其中的绍剧、越剧、新昌调腔、诸暨西路乱弹、绍兴目连戏等五大著名的地方戏剧，以及绍兴莲花落、绍兴平湖调、绍兴词调、绍兴滩簧、绍兴宣卷等五大流行的地方曲艺，全部被列入国家级非物质文化遗产名录。

绍兴戏曲，常常与酒直接关联。或以酒为主题，或以酒为纽带，或以酒来丰富剧情，或以酒来引发戏曲的矛盾冲突，由此形成了戏曲之乡与酒乡珠联璧合、交相辉映的动人景象。

306

越剧与酒。

越剧的内容以文为主，唱腔柔和、绮媚、婉约，极利表达黄酒的缠绵之情，因而有不少表现绍兴酒的戏。

越剧《祥林嫂》里面，有很多表现绍兴酒俗的场面和氛围。传统戏《白蛇传》《打金枝》等，通过酒来演绎故事、展开剧情冲突。《西厢记》《血手印》《一钱太守》等，借酒来表现人物性格、刻画人物内心。

至于绍兴小百花演出的越剧《醉公主》，则是整出戏以绍兴酒为题材，以绍兴的酒俗乡情为背景，是一出名副其实的绍兴酒戏。

黄酒有意思

307

绍剧与酒。

绍剧的内容以武为主，唱腔铿锵、激越、豪放，极利表达饮时的豪兴与酒后的豪情。

酒给绍剧剧目、演艺增加了丰富多彩的内容，绍剧为绍兴酒起到了推波助澜、锦上添毫的作用。尽管不是所有的戏剧故事都与绍兴有关，剧中的酒也不全是绍兴酒，但用绍剧艺术表演，以绍兴方言说白，以醉乡人的心理演绎古人，无疑充满了绍兴乡土的特色。

绍剧传统戏《武松打虎》，演出了酒壮胆气助神威。《薛刚打太庙》，表白了酒后生事的缘和由。绍剧《龙虎斗》，借宋太祖赵匡胤一声声"悔不该酒醉错斩了郑贤弟"的唱词，唱出了醉酒误事的悔与恨。绍剧《寿堂》中，初入仕途的包拯借喝酒之机嘲讽贪官污吏，奚落奸佞权臣，则是以酒为计、借醉直言、伸张正义的一出好戏。

308

曲艺与酒。

绍兴曲艺，行头装饰简单，场地不拘大小，语言直白明了，生活气息浓郁，有很多与酒相关的曲目。

特别是绍兴莲花落，说唱酒事、酒人、酒典、酒趣，语言生动，诙谐幽默，一如绍兴酒的馥香，颇受大众喜爱。最有代表性的，有《酒香歌》《酒歌》等曲目。

九、酒与佛道

309

酒与佛道的关联。

酒与道教有着千丝万缕的联系，甚至与佛教也有着剪不断理还乱的玄妙关系。

发源于春秋战国时期的方仙道这一原始宗教群体，以看天象、占相卜、操巫医、做堪舆为业，服食丹药，祭祀天地，祈求长生不老。酒与他们结有先天的缘分。

佛教最初并没有禁酒的戒规，后来成为"五戒"之一，则是佛教中国化过程中的产物。即便如此，戒疏中仍作了"酒戒具三缘成犯"的人性化规定。"三缘"，即"一是酒，二无重病缘，三饮咽"。如果出现了这种情况，便算是犯了戒规。

310

道教的酒缘。

道教不排斥酒，教徒可以饮酒，诸多的道事活动亦涉及酒。

道士在帮人驱鬼灭邪的活动中，往往以酒脯饮食祭之，使鬼邪离开人身。

道教采服之药，为增强药性、放大药效，酒往往成为其中的单方。

西汉刘向的《列仙传》，是中国第一部系统叙述神仙的传记，涉及上古及三代、秦、汉间的70多位神仙。其中的《呼子先》《女丸》《酒客》等多个篇章，讲述的是因酒而仙、仙人对饮的故事。

唐代重臣、文豪贺知章崇道信道，晚年更剃度为道士，依然与酒为友。

宋代李昉等编纂的《太平广记》，是中国古代第一部文言纪实小说总集，里面多有神仙与酒的故事。

绍兴至今仍然流行腊月二十三日送灶神、除夕夜迎灶神的习俗，祭祀时，用酒糟涂抹灶门，称为"醉司命"。

斋醮是道教的重要仪式。仪式时，在用糯米、三牲的同时，自然也还需要薄酒。

311

佛教认为饮酒有十大坏处。

佛教戒律书《四分律》中，专门写到了饮酒的十大坏处。

一是颜色恶——使人面色难看。

二是少力——损伤力气。

三是眼不明——损害视力。

四是嗔相——使人发怒。

五是坏田业资生——浪费田财产业。

六是增疾病——使疾病增多。

七是益斗讼——引发争斗不和。

八是恶名流布——使人蒙受恶名。

九是智慧减少——智慧损伤减少。

十是坏命终，堕诸恶道——死后会坠入地狱。

佛教对于酒的各种危害的认识，除去第十条，自然是有道理的。但这种道理的前提，是饮酒无节制。有节制地饮酒，恰到好处地饮酒，其好处更当在十条以上。

312

佛教的酒缘。

从一般意义上讲，佛教与酒是绝缘的，佛教的戒律、忌讳中都禁酒。《四分律》中指出了酒的十大过失，《大智度论》中更指出酒有三十五失。

但事实上，佛教与酒的关系却是十分玄妙的。佛教中的一些大德高僧，并不简单地以酒来臧否佛徒，而是以心和性来评论弟子。《水浒传》中，鲁智深醉后大闹五台山，犯了寺规，但长老还是因鲁智深根底深厚、会成正果而宥恕了他，介绍他去相国寺为僧。

东晋时戴逵借酒之神功雕塑佛像，唐代大文人苏晋佛堂斋戒吃素，出门肆意醉酒。少林寺弟子"酒肉穿肠过，佛祖心中留"的口头禅，更是生动而又形象地揭示了佛教与酒的关系的真谛。

宋人窦苹在《酒谱·异域酒》中写道："北僧谓为般若汤，盖廋词以避法禁。"这就说明，当时的僧人中，事实上存在着喝酒的情况。

佛教从本质上来讲，是从因果报应出发，劝人修行、善行。看到了饮酒的危害，提出忌酒禁酒的告诫，也是自然而然的事情，仅此而已。

会稽在六朝与唐朝时，既为佛学高地，又为酒业重镇，说明了两者是相行不悖、互为促进的。

313

融儒释道于一体的陶渊明。

六朝时，会稽成为佛学圣地、道学中心，不少士人在这里演绎出了亦儒亦佛亦道的人生，陶渊明便是其中的代表。

他信奉儒家。正如《饮酒》组诗中所写的那样，"少年罕人事，游好在六经"。

他也接近佛家。在庐山与慧远结为至交，谈佛论道，乐而忘返。

他还喜爱道学。诗中用典，涉及《庄子》最多，有49次，《论语》《列子》则分别为37次、21次。他在《读山海经》中写道，"俯仰终宇宙，不乐复如何"，其一切安之于自然的道家思想一目了然。

陶渊明嗜酒。在儒释道的融通中，酒似乎成了其中的津梁与媒介。

十、酒与文学

314

酒于文学有神助。

酒与文学家们心心相印，甚至是心有灵犀一点通。

伟大的文学作品中，总是少不了酒的元素。酒常常被用作情感表达的媒介、人物形象的象征，甚至作为主题而贯穿于作品的始终。

伟大的文学作品在酝酿、创作的过程中，往往得到了酒的神助。这种神助，常常表现为激发创作的灵感、增添创作的激情、丰富创作的素材等。

315

《世说新语》中的酒。

《世说新语》中，酒表现为一种生命。

全书36篇，1130则故事，主要记述东汉末年至南朝宋时200多年间士族阶层的言谈风尚和琐闻轶事，内容包罗万象，其中诸多的

黄酒有意思

元明清时的黄酒坛（绍兴咸亨黄酒博物馆提供）

人与事，都与会稽相关。

打开此书，阵阵的酒香便会扑鼻而来。书中"酒"字出现了100多次，平均每10则故事出现一次。

其中的《任诞》篇共54则故事，"酒"字尤为集中，出现了40多次，有29则故事与酒相关，形象直观地反映了魏晋士人纵酒放达、诋毁礼教、愤世嫉俗、傲骨铮铮的精神风貌。

饮酒，成了魏晋风度的核心内容、魏晋士人的生命追求。张翰说："使我有身名后，不如即时一杯酒。"王蕴说："酒，正使人人自远。"王忱说："三日不饮酒，觉形神不复相亲。"是酒，是通过醉酒，使他们达到了物我两忘的高远境界。

当然，魏晋名士中，也并非个个都是嗜酒如命的。干宝就曾劝郭璞不要饮酒过度，王异更是屡屡劝人戒酒，并成功地帮助晋元帝戒了酒瘾。

318

《水浒传》中的酒。

《水浒传》中，酒表现为一种勇气。

书中描写了大大小小、形形色色的600多个饮酒场面，平均每回涉及5个以上。"酒"字在作品中出现了2000多次，写到的城乡酒店有60多家。

这种酒所给予的勇气，表现为武松景阳冈打虎，鲁智深醉打蒋门神、大闹五台山等。甚至连谨小慎微的宋江，也居然于酒后在望江楼上题写起了反诗。

317

《金瓶梅》中的酒。

《金瓶梅》中，酒表现为一种生活。

书中写到的各种菜肴、食品、果品有近300种，另有茶20来种，饮茶场面230多个。书中写到的酒有20多种，"酒"字出现了2000多次，饮酒的场面有近400个，好些回目里，还多次出现了大大小小的酒宴。

尤为值得一提的，里面有20多处写到了"老酒""浙酒""南酒"。由此亦可见，那时的绍兴酒已经渗透到了社会的各个阶层。

318

《西游记》中的酒。

《西游记》中，酒表现为一种胆量。

书中累计出现了100多个大小不同的与酒相关的场面，平均每回一个。还写到了包括香糯酒、药酒等在内的20多种酒，以及包括琥珀杯、玉酒杯等在内的20多种酒器。

孙悟空大闹地府、九幽十类尽除名、大闹天宫、蹬倒火炉、打到通明殿等，凭借的正是酒力而致的胆量。

319

《三国演义》中的酒。

《三国演义》中，酒表现为一种权谋与胆识。

书中塑造的数百位人物几乎个个嗜酒，大大小小、形形色色的饮酒场面达300多个，真所谓"一壶浊酒喜相逢，古今多少事，都付笑谈中"。读青梅煮酒论英雄、周瑜假醉诈蒋干等故事，酒的权谋之气扑面而来。

除了权谋，酒还给了英雄们以壮怀激烈的胆量与志向。关羽"温酒斩华雄"——曹操为关羽热了一樽壮胆酒，不一会儿，关羽便提了华雄的头凯旋，举樽饮酒时，这酒还是温热的。

"甘宁百骑劫曹营"——曹操与孙权在合肥大战，吴将甘宁与手下猛士饮酒，然后夜袭曹营，大胜。

"对酒当歌，人生几何？譬如朝露，去日苦多"，更是唱出了曹操平定天下的雄心壮志。

320

《红楼梦》与绍兴酒。

《红楼梦》中，酒表现为一种雅逸。

全书出现"酒"字的，有590多次；直接描写饮酒场面的，有150多个，平均每回写到一个以上。这是一部称得上是酒中浸泡出来的古典名著。这一方面，是由于酒贯穿了全书的始终；另一方面，是因为书中对宴饮、酿酒、酒仪、酒德、酒趣等，都有十分精彩的描写。

书中写酒最多的，是"绍兴酒"与"黄酒"。如第六十三回直接写到了绍兴酒，"已经抬了一坛好绍兴酒藏在那边了"。第三十一回、三十八回、四十一回、七十五回中，都写到了"黄酒"。

书中还七次用"黄汤"借指绍兴黄酒。如第四十五回："那黄汤难道灌丧了狗肚子里去了？"第七十五回："再灌丧了黄汤。"

《红楼梦》中如此写酒、写黄酒，自然是与作者曹雪芹爱酒、爱黄酒直接相关的。他曾经说过，有人欲读我书不难，日以"南酒烧鸭"享我，我即为之作书。这"南酒"，自然是至少包括了绍兴酒。而这"烧鸭"，想必便是今日绍兴之麻鸭了。

自信源流九千年，

独领风骚非等闲。

今朝复兴走在前，

中华国酿总缠绵。

卷六

酒之兴

　　放到一万年的文化史、九千年的酿酒史长河中来审视，黄酒正处于新一轮的振兴之时。

　　黄酒的这一轮振兴，绝不是往昔一般起伏意义上的振兴，而是与中华民族伟大复兴同向而行、融为一体的复兴。

　　党和国家领导人的亲切关怀，历史文化底蕴的深厚积淀，人民群众对美好生活的热切向往，地方党委、政府与企业的齐心协力，无不昭示着黄酒已经走在了伟大复兴的路上。

一、领导关怀

321

党和国家领导人的亲切关怀。

中华人民共和国成立以来，绍兴黄酒一直得到了党和政府的高度重视，得到了党和国家领导人的亲切关怀。

这些亲切关怀，既是绍兴黄酒不断发展壮大的物质力量，更是绍兴黄酒更好造福人民的精神动力。

322

伟人与绍兴酒。

上海文化出版社2023年出版的杨国军《从"云集"到"会稽山"》中，写到了毛主席考察绍兴东湖农场时品鉴绍兴黄酒的有关情况。其实，从"鉴湖越台名士乡"的诗句中，也可以真切地感受到毛主席对稽山、鉴水、越台、名士的了解与喜爱。鉴湖代表了绍兴的山水生态，越台代表了绍兴的历史人文，正是这独特的山水生态与历史人文，养育了古往今来的诸多名士，酿成了天下独绝的绍兴黄酒，使这里成了闻名神州的名士之乡与黄酒之都。

《绍兴市志·工业·酿酒业》中载："国家'二五'计划期间，绍兴酿酒业订出《绍兴酒整顿、总结与提高发展目标》，经总理周恩来、副总理陈毅批准，列入国家12年科技发展规划。云集酒厂由国家投资新建绍兴酒中央仓库。"

杨国军在《从"云集"到"会稽山"》一书中，对周恩来总理批准建设绍兴酒中央仓库一事，作了详细的考证，最后写道："1956年，为了鼓励、发展绍兴黄酒，在周恩来总理的关怀下，由中央投资在地方国营绍兴县云集酒厂建造了'绍兴酒陈贮中央仓库'。"

1993年9月20日的《人民日报》报道，邓小平同志每天喝一杯黄酒，中国绍兴的黄酒。

《绍兴市志（1979—2010）》中记载，1995年5月15日，时任中共中央总书记、国家主席江泽民，在视察中国绍兴黄酒集团有限公司时指出，中国黄酒，天下一绝，这种酿造技术是前辈留下来的宝贵财富，要好好保护。

黄酒有意思

二、文化积淀

323

黄酒有万千年的文化积淀。

绍兴黄酒与中华文化、中华文明相伴而行，积淀了独特而又深厚的历史文化底蕴，是名副其实的中华国酿、至臻国酿、至尊国酿。臻，是完美；尊，是尊贵。因为最完美，所以最尊贵。

2020年11月6日，立冬的前一天，《绍兴日报》第3版以整版版面，刊发了拙文《中华国酿数黄酒——写在2020中国国际黄酒产业博览会暨第26届绍兴黄酒节开幕前夕》。

拙文是在同年7月3日上午，绍兴市人民政府主办的"越酒行天下、创意赋新能"活动启动仪式上的讲演基础上，整理而成的，集中回答了酒是什么、黄酒是什么、绍兴黄酒是什么这三个问题。提出酒是人类亘古不变的共同语言，黄酒是中华国酿，而绍兴黄酒则是至臻国酿、至尊国酿。

文中写道："2008年9月19日，香港阳光卫视来绍兴拍摄中国第一部以黄酒为题材的高清电影《水客》。我在开机仪式的致辞中，明确地提出了黄酒是中华国酿的概念。后来还将致辞整理成为《黄酒礼赞》这篇文章，并将其收录于我在中华书局出版的《越语》一书中。"

令人欣慰的是，浙江古越龙山绍兴酒股份有限公司采用了"中华国酿"的概念，注册了"国酿"黄酒商标，并迅速在黄酒市场中形成了异军突起之势。这是名正言顺的缘故，也是名至实归的结果！

324

绍兴黄酒是国宴酒。

1988年12月14日，钓鱼台国宾馆给绍兴市酿酒总公司（今中国绍兴黄酒集团有限公司与浙江古越龙山绍兴酒股份有限公司的前身），发来了一封正式信件，称"贵公司生产的'古越龙山牌'加饭酒、花雕坛酒，自我馆五九年建馆以来，在各种宴会、国宴上专用，得到了来馆宾客及有关领导人的赞赏"。

1998年10月14日的《中国食品报》报道，是年6月25日，东风绍兴酒有限公司（今会稽山绍兴酒股份有限公司的前身）生产的绍兴酒，被选定为人民大会堂国宴用酒。

"古越龙山"与"会稽山"黄酒作为国宴用酒，自然是这两家企业的光荣，但同时也是所有绍兴黄酒企业乃至全中国黄酒企业的光荣。

325

"绍兴黄酒"是第一批中国国家地理标志产品。

黄酒源于中国，且唯中国有之。黄酒产地多，流派多，品种也多。代表性的有：海派中的石库门、和酒，苏派中的沙洲优黄、惠泉、白蒲，闽派中的龙岩沉缸酒、福建老酒，徽派中的古南丰、海神，湘派中的古越楼台，北派中的即墨老酒等。可谓八仙过海，各显神通。

在诸多的黄酒产地与品种当中，绍兴黄酒以其地理、城市、原料、历史、文化、技艺、品质、产量等方面的独特优势，而在中国乃至世界酒林中独树一帜、独领风骚。

正因为如此，"绍兴黄酒"于2000年1月31日，被国家质量技术监督局公布为第一批中国国家地理标志产品，成为中国第一个黄酒原产地域保护产品。

326

绍兴有14家使用"绍兴黄酒"地理标志的企业。

目前，绍兴已有14家企业拥有使用"绍兴黄酒"地理标志的资格。它们是：

浙江古越龙山绍兴酒股份有限公司、会稽山绍兴酒股份有限公司、浙江塔牌绍兴酒有限公司、绍兴女儿红酿酒有限公司、中粮孔乙己酒业有限公司、绍兴白塔酿酒有限公司、浙江圣塔绍兴酒有限公司、浙江大越绍兴酒有限公司、浙江东方绍兴酒有限公司、绍兴咸亨酒业有限公司、浙江越王台绍兴酒有限公司、绍兴师爷酒业有限公司、绍兴市越山仙雕酿酒有限公司、浙江王宝和绍兴酒有限公司。

327

"绍兴黄酒"是第一批中欧互认互保地理标志产品。

地理标志是表明产品产地来源的重要标志，也是产品的国家信誉的重要标志。

2020年9月14日，中国与欧盟签署了《中欧地理标志协定》。据此，绍兴酒成为中欧第一批双方互认互保的100个中国知名地理标志之一。

这是中国与境外机构签署的第一个全面、高水平的地理标志保护双边协议，也是近年来中欧经贸关系发展取得的重要务实成果，为绍兴黄酒扩大欧盟市场，打开了方便之门。

328

绍兴是名副其实的中国黄酒之都、世界美酒产区。

2019年，绍兴被中国酒业协会等授予"中国黄酒之都"和"世界美酒特色产区"称号，诚可谓名至实归、名正言顺。

早在新中国成立之初，绍兴便已承先前发展之势，成为中国最大的黄酒生产和出口基地。这一地位，一直稳居至今。

1952年，在新中国的第一届全国评酒会上，绍兴的"浙江鉴湖长春酒"被评为全国八大名酒之一，获得了国家名酒称号。迄至今日，绍兴酒荣获的国家质量金奖、国字号博览会金奖和著名国际博览会金奖，达20多次。

1956年，国家拨出专款，在绍兴建设绍兴酒陈贮中央仓库。

1959年起，今日绍兴酒中的"古越龙山"与"会稽山"，便先后被作为国宴用酒。

1988年10月，绍兴在首届中国酒文化节上，被文化部等命名为"中国酒文化名城"。

1997年，"古越龙山"股票在上海证交所上市，成为中国黄酒第一股。2014年，"会稽山"股票又在上海证交所上市，成为国内黄酒行业中迄今第三家上市企业。

1999年起，"古越龙山""会稽山"等九个商标，先后被认定为"中国驰名商标"；"沈永和""会稽山"等九家企业先后被认定为"中华老字号"。

2000年，"绍兴黄酒"成为中国第一批地理标志产品。2023年，绍兴成为国家地理标志产品保护示范区。

2006年，"绍兴黄酒酿制技艺"被列入国家非物质文化遗产名录。

2007年，绍兴建成中国第一家黄酒主题博物馆——中国黄酒博物馆。

2011年，科技部批准在绍兴建设"国家黄酒工程技术研究中心"。

2020年，经商务部批准，在绍兴举办的"中国国际黄酒产业博览会"，成为中国唯一的单酒种国际性博览会。

329

绍兴黄酒企业中有九个"中国驰名商标"。

驰名商标是中国境内为相关公众所熟知的商标。与一般商标相比，其特殊性在于它不仅可以获得《商标法》等法律法规在同类商品上的保护，还可以获得跨类的保护。

绍兴黄酒企业中，目前有九个驰名商标，分别为：

浙江古越龙山绍兴酒股份有限公司的"古越龙山"，会稽山绍兴酒股份有限公司的"会稽山"，绍兴女儿红酿酒有限公司的"女儿红"，绍兴咸亨酒业有限公司的"咸亨"，绍兴市黄酒行业协会的"绍兴黄酒"，绍兴市咸亨酒店有限公司的"太雕"，浙江塔牌绍兴酒有限公司的"塔牌"，绍兴白塔酿酒有限公司的"白塔"，浙江圣塔绍兴酒有限公司的"圣塔"。

330

绍兴黄酒行业中有九家"中华老字号"。

中华老字号，是指历史底蕴深厚、文化特色鲜明、工艺技术独特、设计制造精良、产品服务优质、营销渠道高效、社会广泛认同的品牌（字号、商标等）。

绍兴黄酒行业中，先后有九家企业被商务部认定为"中华老字号"企业，它们是：

绍兴市咸亨酒业有限公司，商标"咸亨"；中国绍兴黄酒集团有限公司，商标"沈永和"；会稽山绍兴酒股份有限公司，商标"会稽山"；绍兴女儿红酿酒有限公司，商标"女儿红"；浙江塔牌绍兴酒有限公司，商标"塔牌"；浙江古越龙山绍兴酒股份有限公司，商标"古越龙山"；绍兴鉴湖酿酒有限公司，商标"鉴湖牌"；绍兴咸亨食品股份有限公司，商标"咸亨"；绍兴市枫桥酒厂，商标"斯风"。

绍兴黄酒中央酒库（沈鸿泉摄）

331

目前世界上最大的酒库。

在绍兴古城的东面、鲁迅先生的外婆家孙端，有一座目前世界上最大的酒库，那就是"古越龙山"的黄酒中央酒库。

酒库里边，贮藏着1100万坛黄酒。如果将酒坛挨个排列，可以绵延4000多千米，差不多是京广铁路的一个来回。如果按每坛黄酒

中国黄酒博物馆（俞小兰绘）

25千克计算，总量达275000000千克，即27.5万吨。

酒库所藏之酒，有十年、二十年、五十年陈的，可谓应有尽有。其中还有产于1928年的陈酒，这也是迄今所见最为古老的坛装绍兴黄酒。

漫漫的岁月时光，酿就了举世无双的绍兴黄酒。绍兴黄酒以其独特的温存、缠绵、芳香与色泽，回馈了永不重复的岁月时光。

332

中国黄酒博物馆。

中国黄酒博物馆位于绍兴古城的西北角，建于2007年，占地面积3万平方米，建筑面积1.6万平方米，是中国第一家黄酒主题博物馆。

博物馆的南侧，是全国重点文物保护单位光相桥。该桥始建于东晋，清乾隆、嘉庆年间作过重修，具有重要的历史、文物价值，与博物馆形成交相辉映之势。

博物馆的广场上，有巨大的品字形花岗岩石雕、壶酒兴邦主题浮雕、青铜六礼铜锡雕塑、酒坛垒成的城墙以及重达27吨的酒爵，可谓酒气浓郁、大气磅礴。

博物馆内，融黄酒文化、酿酒工艺、旅游购物于一体，让游客在参观游览的过程中，了解黄酒的发展历史，体验黄酒的酿制工艺，欣赏黄酒文化表演，品尝现酿原酒、加饭酒、黄酒棒冰、黄酒奶茶等美味，全方位地感受黄酒佳酿的无穷魅力、黄酒文化的博大精深。

333

绍兴黄酒小镇。

绍兴黄酒小镇，是根据浙江省人民政府《关于加快浙江特色小镇规划建设的指导意见》，于2015年开始规划建设的。

小镇建设的目标，是建成绍兴黄酒产业最高质量水平的集聚区，绍兴黄酒文商旅深度融合、高质量发展的样板区。

小镇按照一镇两区——东浦片区、湖塘片区的模式，开展规划建设。

东浦片区依托丰富的酒乡古镇资源，重点发展黄酒文化产业。这里自古便是绍兴黄酒的中心产区，素有"越酒行天下，东浦酒最

黄酒小镇（俞小兰绘）

佳"之誉，1915年获得的绍兴黄酒史上的第一个国际金奖的酒，正是产自这里。现在，明清时期东浦酒国的繁荣景象，正逐步呈现在人们面前。

湖塘片区依托黄酒重镇深厚的产业基础，重点发展黄酒酿制产业。这里自古便有"十里湖塘，万里酒香"之誉，2006年已成为"中国绍兴黄酒产业基地"。现已聚集了会稽山、塔牌、湖塘酒厂等12家黄酒企业，产量占了绍兴全市黄酒产量的一半以上；推出的酿酒工艺欣赏、佳酿品饮体验等旅游项目，深受游客的喜爱。

334

绍兴黄酒企业，很有话语权力。

GB/T 13662《黄酒》，作为黄酒的国家标准，制订于1992年，经历了2000年、2008年及2018年三次修订。现行新版黄酒国家标准，于2018年9月17日发布，2019年4月1日起实施，是由中国绍兴黄酒集团有限公司（古越龙山绍兴酒）牵头，携手会稽山绍兴酒、塔牌绍兴酒等绍兴黄酒企业，与中国酒业协会等十余家单位共同修订起草的。

现有56位国家级的资深黄酒评委中，浙江有34位，其中绍兴32位，分别占了全国的57.14%、全省的94.12%。

现有60位国家级的黄酒评委即评酒大师中，浙江有24位，其中绍兴21位，分别占了全国的35.00%、全省的87.50%。

现有9位黄酒行业的中国酿酒大师中，绍兴有5位，其中古越龙山绍兴酒就有3位。

另外，绍兴黄酒酿制技艺作为国家级非物质文化遗产，目前有国家级代表性传承人1人、省级代表性传承人6人、市级代表性传承人14人。

335

中国品牌价值前八位黄酒企业。

2019年9月6日的《中国食品报》，报道了中国酒类流通协会和中华品牌战略研究院于8月28日联合发布的第11届"华樽杯"中国酒类品牌价值200强研究报告。

报告显示，全国有八家黄酒企业进入了该榜单，总品牌价值366.47亿元。其中前三位均为绍兴企业，分别是：浙江古越龙山绍兴酒股份有限公司、会稽山绍兴酒股份有限公司、浙江塔牌绍兴酒有限公司。

另外五家，分别是上海金枫酒业股份有限公司、安徽省古南丰酒业有限公司、江苏张家港酿酒有限公司、山东即墨黄酒厂有限公司、福建金丰酿酒有限公司。

336

立法保护鉴湖水。

鉴湖水是绍兴黄酒的命脉。

早在 1988 年 7 月 23 日，浙江省第七届人民代表大会常务委员会第四次会议，便审议通过了《浙江省鉴湖水域保护条例》，并于当年 9 月 1 日起施行。

此后，该条例又先后经过了五次修正，分别是：

1997 年 6 月 28 日，省八届人大常委会第三十七次会议；1997 年 12 月 6 日，省八届人大常委会第四十一次会议；2002 年 4 月 25 日，省九届人大常委会第三十四次会议；2004 年 5 月 28 日，省十届人大常委会第十一次会议；2009 年 4 月 1 日，省十一届人大常委会第十次会议。

条例分为 19 条。第一条，开宗明义，讲明了制定条例的目的，是"为保护鉴湖水域不受污染，保障人体健康，更有效地利用鉴湖特有的优良水源"。其中的"特有"二字，对鉴湖作为"优良水源"的地位，起到了画龙点睛的作用。

条例第二条，明确划定了鉴湖水域的特别保护区和一般保护区。

条例中，作出了八个"禁止"的规定，另从六个方面作出了"严禁""从严控制""严格遵守""严格按照"的规定。

四届立法机关、五次加以修正，正是一以贯之、持之以恒、严密科学、严格把关的立法精神的具体体现。而这一切，都是建立在对鉴湖水是"特有的优良水源"的认识基础之上的，是以"更有效地利用鉴湖特有的优质水源"为目的的。

鉴湖一角（沈鸿泉摄）

337

立法保护和发展绍兴黄酒。

《绍兴黄酒保护和发展条例》，于2021年6月25日由绍兴市第八届人民代表大会常务委员会第三十八次会议审议通过，2021年7月30日浙江省第十三届人民代表大会常务委员会第三十次会议批准，2021年10月1日起正式施行。

条例共分总则、保护传承、创新发展、监督管理、法律责任和附则6章32条，是最具绍兴城市标识度和浙江产业标识度的地方性法规。

条例在绍兴黄酒的原产地保护、传统酿制技艺保护、鉴湖水质

黄酒有意思

保护、区域品牌保护等方面，作出了明确规定，对于绍兴黄酒在保护传承基础上的创新发展，具有重要的法律意义。

338

保护利用传承好"绍兴黄酒酿制技艺"。

"绍兴黄酒酿制技艺"，具有天然环境、自然发酵，天人合一、中和共荣，个性鲜明、风味独特，意趣盎然、妙不可言的特征，是千百年实践经验的科学结晶，是经受住了千百年历史检验的天工开物，早在2006年就被列入国家非物质文化遗产名录。因此，必须加以保护。

保护是为了利用，而且是为了更好地利用，使之更好地造福人类。为此，就需要运用科学的手段，来解决传统技艺固有的劳动强度大、生产周期长、受季节影响明显、生产规模局限等问题。这便涉及传统的酿制技艺等在利用过程中的创新问题。

黄酒传统酿制技术与工艺的创新，关键在于坚持工艺、保持手工、改良工具。为此，绍兴酒业从20世纪六七十年代开始，便在全国黄酒业当中，率先开展了探索。

从这些年的探索实践来看，创新的前提，应当是主动保护；创新的目的，应当是能动利用；而创新的结果，则应当是实现更好的传承。这种传承，是一种创造性的转化，也是一种创新性的发展。

在义无反顾、锲而不舍地保护利用传承过程中，"绍兴黄酒酿制技艺"也终将成为名副其实的"世界文化遗产"。

保护利用传承好绍兴黄酒工业遗产。

明清民国时期，绍兴出现了一批具有很大影响力的酿酒作坊。其中的旧址，至2018年尚存以下七处，可谓弥足珍贵。

叶万源酒作坊旧址，位于今绍兴市柯桥区湖塘街道湖塘村。创建于明代，尚存部分损坏的门屋和座楼等，为第三次全国文物普查（简称全国"三普"）登录文物。

汤源元春记酒作坊旧址，位于今绍兴市越城区东浦街道老街区陆家溇。创办于清初，整体保存较好，为全国"三普"登录文物。

章东明酒作坊旧址，位于今绍兴市柯桥区柯岩街道阮三村。创建于清代，可惜已于2019年在一片保护声中被拆除。

鉴湖酒作坊旧址，位于今鉴湖酒厂内。创建于18世纪初，保存较好，现为绍兴鉴湖酿酒有限公司所在地。

王宝和酒作坊旧址，位于今绍兴市越城区灵芝街道林头村群贤路之南。创办于清乾隆九年（1744），2002年绍兴县人民政府公布为县级文保单位，2006年作过修缮。

陈东升酒作坊旧址，位于今绍兴市柯桥区湖塘街道鉴湖村。现为民居。建于清代，系全国"三普"登录文物。

会稽山酒厂旧址，位于今绍兴市柯桥区柯岩街道香林大道两侧。建于20世纪五六十年代，其前身为云集酒坊，东侧已拆除建住房，西侧为今会稽山绍兴酒股份有限公司仓库。

这些旧址，均位于鉴湖之畔，历史积淀丰富，文化底蕴深厚，经受住了数十上百年的天灾人祸，残存至今，实属不易。这是绍兴酒业乃至绍兴经济发展历史的活字典，也是坚定文化自信的活教材，还是文商旅深度融合发展的活资源，如在原真保护的基础上，加以合理利用，使之代代相传，成为名副其实的"国家工业遗产""世界文化遗产"，实乃一方为政者与老百姓的功德之所在。

340

鉴湖酒坊。

鉴湖酒坊，18世纪初，由章氏兄弟创办，坐落于鉴湖之畔，与鉴湖水源地会稽山隔水相望。

坊在水中央，水在坊周围。山映水中间，水源山上面。山、水、坊交相辉映，相得益彰，浑然如画。

得天独厚的地理环境，成就了鉴湖酒坊300余年的长盛不衰、历久弥新。

酒坊至今仍然完好无损地保存着清时的部分建筑，包括前后五进中的一进门屋、四进座楼、五进后楼和左厢房局部。这些年，酒坊一直坚持以纯手工的传统技艺，每年生产3000吨左右的佳酿。2019年，被工信部列入了第三批"国家工业遗产"名录，这是当时全国黄酒行业唯一的一处国家级工业遗产，也是目前全国黄酒行业唯一一处正在活化利用的国家级工业遗产。

置身其间，真实地闻到了阵阵酒香，令人陶醉；又仿佛穿越时空，见到了古人酿酒时认真忙碌的身影、水客装酒时急于启航的情景。

鉴湖酒坊（俞小兰绘）

三、黄酒复兴

341

民族复兴大军中的一员。

中华民族伟大复兴，既是综合国力的复兴，也是中华文化的复兴。黄酒作为中国独有的历史经典产业，作为中华优秀传统文化的典型承载媒介，自然也是民族复兴大军中的一员。

历史经典产业，是具有悠久历史传承、凝聚人民聪明才智、蕴含深厚文化底蕴的产业，也是传承中华优秀传统文化的重要载体。

在浙江省的历史经典产业中，绍兴的青瓷、茶叶、中药、丝绸等，都是极为典型的代表。特别是黄酒，更是主要集中在绍兴。全省黄酒销售收入占了全国的三分之二，而绍兴则占了全国的40%左右、全省的70%左右。

这就难怪浙江省人民政府办公室早在2015年，便专门出台了《关于推进黄酒产业传承发展的指导意见》。

342

加力推进黄酒复兴。

根据《浙江日报》的报道，2024年6月11日，浙江省人民政府专题召开了全省推进历史经典产业高质量发展大会，并出台了具体的行动方案与政策举措。

这是继2015年浙江省首次提出传承发展历史经典产业并出台相应发展指导意见后，对这项工作的又一重大推进之举。所有这一切的目标指向，是让黄酒等历史经典产业更好地"活"起来、"传"起来、"潮"起来、"强"起来、"火"起来。

绍兴地方党委、政府同样对黄酒业的发展极为重视。2023年9月1日，绍兴市人民政府办公室印发了《关于促进黄酒产业发展振兴的实施意见》。2024年4月30日，又召开了绍兴黄酒产业发展振兴大会。

打响品牌，做大产业，造福人民。政府的鼓励、引导，无疑给了企业以极大的信心与动力，更给了消费者以美好的期待与向往。

343

产区化是酒类发展的普遍经验。

大自然是最好的酿酒师。独特的综合性生态环境，以及由此而生的独特的综合性人文环境，是酿出名酒的两个先决条件。这就涉

黄酒有意思

及酒业的产区化发展问题。

波尔多葡萄酒、慕尼黑啤酒、贵州茅台酒等，都已经证明，产区化发展是成功的一大法宝。

绍兴黄酒的产区化发展，从历史经验与他山之石来看，需要做好三篇文章。

一是做好生态的文章。生态消费呼唤生态酿造，生态酿造需要生态环境。生态是拓展市场、赢得消费者的金钥匙。道理很简单，没有绿水青山，就没有金山银山。因此，需要持之以恒地做好以鉴湖及其水源地会稽山为核心的生态保护工作。

二是做好人文的文章。人文是绍兴黄酒的通灵宝玉，没有了这一通灵宝玉，绍兴黄酒便会失魂落魄。人文是绍兴黄酒的灵魂，它联结着消费者的心灵。因此，需要持之以恒地做好以"绍兴黄酒酿制技艺"与绍兴古城为核心的人文传承工作。

三是做好竞合的文章。产区企业要在相互竞争中加强合作，抱团维护产区形象，抱团挖掘产区潜力，抱团利用产区优势，抱团实现共赢目标。企业与产区、绍兴黄酒企业与黄酒原产地，始终是一损俱损、一荣俱荣的关系。因此，需要持之以恒地做好以保护"绍兴黄酒"地理标志、叫响"中华国酿"营销口号为核心的竞合发展工作。

344

酒香也要勤吆喝。

绍兴酒在清代直至民国时，一直处于通行宇内、独步天下、力压群芳的境地。这是何等光辉灿烂的岁月！

今天的绍兴酒，虽然品质风采依旧，却是尤需吆喝营销，借以换取光风霁月。

20世纪五六十年代、八九十年代，白酒与葡萄酒先后在中国酒类市场异军突起、高歌猛进；近年来，日本清酒在中国市场快速拓展、受人青睐。一条基本的、共性的经验，便是吆喝营销。

他山之石，可以攻玉。其中的道理，其实很简单。

一是现在的酒类品种丰富多彩，吆喝营销有助于消费者货比三家，择宜而取。

二是现在的酒类市场纷繁复杂，吆喝营销有助于消费者分清良莠，择善而饮。

三是现在的酒类同行竞相叫卖，吆喝营销有助于消费者铁杆忠诚，择一而终。

内在的品质，外在的包装，加上勤勉的吆喝，其实质是在以黄酒生产商的用心，去换取广大消费者的欢心。这欢心，便是市场对绍兴黄酒的不断认可，消费者对绍兴黄酒的持续欢喜，绍兴黄酒铁杆忠诚粉丝的层出不穷。

345

文化、时尚、高端——绍兴黄酒的方向。

文化，是绍兴黄酒的灵魂所在。讲好9000年黄酒传承发展的故事，讲清9000年黄酒长盛不衰的原因，讲透9000年黄酒与民同乐的真谛。

时尚，是绍兴黄酒的生存之道。黄酒从无到有，从山阴甜酒到绍兴黄酒，是顺时应势的产物、与时俱进的典范，更是时代风尚的标志。今天的黄酒，更应守得住经典，做得了网红，在顺应时尚的基础上，进而去引领时尚。令人欣喜的是，黄酒企业正在行动，相继探索推出了黄酒奶茶、黄酒咖啡、黄酒棒冰、黄酒酸奶、黄酒布丁、黄酒巧克力、黄酒冰激凌等衍生产品，低度黄酒、气泡黄酒等新潮产品，以名人命名的"周清"黄酒，药食同源的健康型黄酒，以及"国酿""兰亭大师""本酒"等新款产品。

高端，是绍兴黄酒的本来面目。历史上的绍兴，一直是黄酒的酿制中心；历史上的绍兴黄酒，一直是酒类消费的首选品牌。高端，既代表了绍兴黄酒的高品质，更显示了绍兴黄酒消费者生活的高品位。

跋　语

在这本小册子成稿的时候，我最想说的两个字，是"谢谢"！

早在七八年前，我就有意写一本有关家乡绍兴酒的通俗读物，并为此开始了相关素材的准备工作。而这次动笔撰写，则实在是出于偶然。

那是在今年4月份的时候，浙江省文史研究馆根据省政府的要求，准备组织编写《浙江历史经典产业文化概述》一书。为此，省文史馆领导姜玉峰先生约我撰写其中的《黄酒篇》，1万字左右；还邀我为省文史馆馆员读书会作一次以黄酒为主题的讲座。我不揣浅陋，恭敬不如从命，均答应了下来。

1万多字的文稿于5月初送上之后，省文史馆将之作为《浙江历史经典产业文化概述》一书的样本篇，报省政府领导审阅。根据省政府领导关于黄酒等产业篇文字可适当增加的指示精神，我又将文稿增加到了3万字左右。

这3万字左右的《黄酒篇》，实际上就成了现在这本小册子的详细提纲。没有这次的机缘巧合，就不会有这本小册子现在与读者朋

黄酒有意思

友们的见面。所以，我首先要向姜先生说声"谢谢"。

这本小册子是在 5—6 月两个月的时间里集中撰写的，6 月底成稿，7 月中旬定稿。其间，我几乎放弃了全部的周末与节日的休息时间，晚上有时也持续写到次日凌晨的两三点钟，以至于眼睛几次充血。这样做的目的，是赶在甲辰年十月初七（11 月 7 日）立冬这天黄酒节开幕前，能使这本小册子与读者朋友们见面。

所以，在这些日子里，妻子承担了全部的家务与照看 4 岁的外孙女的任务，还使我得以享受到了筷来伸手、饭来张口的高规格待遇。外孙女似乎也很懂事，节假日没有兴趣课时，总会在我书房里顾自玩耍、画画，还时不时地会冒出一句："外公，你什么时候写好陪我玩呀？"她们给了我写作上的时间，更给了我精神上的鼓励，我要在此说声"谢谢"。

我还要谢谢我单位的同事和其他相关方面的亲友。水土君帮我承担了大量的参加会议、接待访客、组织活动、处理事务等工作，还与国忠君以专家学者和第一读者的身份，对书稿提出了重要的修改意见。刘波、文雅两位同事，认真而又高效地帮我做了繁复的打印方面的工作。钱茂竹先生为我提供了重要的参阅书籍。屠静琪女史与马川、许骏、谢鹏诸君，为我以最快的速度查阅相关图书资料，提供了帮助。浙江省文物考古研究所、绍兴咸亨黄酒博物馆等单位与沈鸿泉先生，热情地为我提供了部分图片。妻子认真负责地创作，提供了书中的插图，特别是几位孙辈与侄辈们，听说我又要出新书了，欢呼雀跃，自告奋勇地绘制了插图，虽然显得稚嫩，却是十分可人。

我更要谢谢出版社的领导与编辑。出版社领导决策的高效率令我感动，这种高效率的背后，是他们的胆识与魄力。出版社编辑工作的高质量令我感动，这种高质量的背后，是编辑的能力与作风。

最后，我要谢谢广大的读者。当大家读到这本小册子的时候，我们已经是或新或老的朋友了。我期待着读者朋友指出我书中的不足，帮助我不断地进步。

冯建荣

2024年7月20日，星期六

29℃—41℃，晴，于寓所

图书在版编目（CIP）数据

黄酒有意思 / 冯建荣著. -- 杭州：浙江人民出版
社，2024.10（2024.11重印）. -- ISBN 978-7-213-11735-0

Ⅰ. TS971.22

中国国家版本馆CIP数据核字第20249528G3号

黄酒有意思

冯建荣　著

出版发行：浙江人民出版社（杭州市环城北路177号　邮编　310006）

　　　　　市场部电话：(0571)85061682　85176516

责任编辑：汪　芳

责任校对：汪景芬

责任印务：程　琳

封面设计：王　芸

题 签 者：冯雨菲

电脑制版：杭州兴邦电子印务有限公司

印　　刷：杭州富春印务有限公司

开　　本：787毫米×1168毫米　1/32　　印　　张：10

字　　数：208千字　　　　　　　　　插　　页：4

版　　次：2024年10月第1版　　　　　印　　次：2024年11月第2次印刷

书　　号：ISBN 978-7-213-11735-0

定　　价：78.00元